中国家庭金融研究（2018）

Research of China Household Finance（2018）

甘犁 著

图书在版编目(CIP)数据

中国家庭金融研究.2018/甘犁著.—合肥:安徽大学出版社,2022.2
ISBN 978-7-5664-2457-0

Ⅰ.①中… Ⅱ.①甘… Ⅲ.①家庭—金融资产—研究—中国 Ⅳ.①TS976.15

中国版本图书馆 CIP 数据核字(2022)第 122089 号

中国家庭金融研究(2018)

Zhongguo Jiating Jinrong Yanjiu

甘犁 著

出版发行:北京师范大学出版集团
安徽大学出版社
(安徽省合肥市肥西路 3 号 邮编 230039)
www.bnupg.com
www.ahupress.com.cn
印　　刷:合肥远东印务有限责任公司
经　　销:全国新华书店
开　　本:710 mm×1010 mm 1/16
印　　张:12
字　　数:202 千字
版　　次:2022 年 2 月第 1 版
印　　次:2022 年 2 月第 1 次印刷
定　　价:39.00 元
ISBN 978-7-5664-2457-0

策划编辑:李　君　龚婧瑶　　装帧设计:李　军
责任编辑:龚婧瑶　李　晴　　美术编辑:李　军
责任校对:李加凯　　责任印制:陈　如　孟献辉

国家社科基金后期资助项目
出版说明

后期资助项目是国家社科基金设立的一类重要项目，旨在鼓励广大社科研究者潜心治学，支持基础研究多出优秀成果。它是经过严格评审，从接近完成的科研成果中遴选立项的。为扩大后期资助项目的影响，更好地推动学术发展，促进成果转化，全国哲学社会科学工作办公室按照“统一设计、统一标识、统一版式、形成系列”的总体要求，组织出版国家社科基金后期资助项目成果。

全国哲学社会科学工作办公室

前 言

从2011年至今，西南财经大学中国家庭金融调查与研究中心（以下简称“中心”）已经开展了四轮入户调查。调查内容包括家庭人口与工作特征、家庭生产经营项目和家庭房产、家庭金融资产和家庭负债、家庭收入与支出、保险与保障等全面的家庭信息。本书基于2017年中国家庭金融调查数据对中国家庭人口、资产、负债、收入、支出、保险、保障等进行了全方位分析，力求用详尽客观的调查数据为读者全面展示中国家庭金融现状，帮助读者更好地理解中国家庭资产配置相关问题。在此之前，中心已出版了《中国家庭金融调查报告・2012》《中国家庭金融调查报告・2014》及《中国家庭金融研究（2016）》。中国家庭金融研究系列旨在记录中国家庭经济生活在宏观经济发展大背景下的发展变化。为更好地刻画中国经济发展及家庭各方面的变化情况，本书在沿袭了之前报告的框架基础上，增加了历年来中国家庭金融调查的数据对比分析，并力求做到口径一致。

全书分为九章，第一章为调查设计，主要介绍调查抽样设计、抽样过程、数据采集与质量控制；第二章为家庭人口与工作特征，涵盖了家庭结构、性别构成、年龄及学历结构、婚姻状况以及工作群体的就业和收入状况；第三章为家庭生产经营项目，分别介绍了农业生产经营和工商业生产经营的经营状况，包括劳动力投入状况、组织形式及经营范围、经营规模和经营效益等；第四章为家庭房产，主要介绍了家庭房产拥有情况以及家庭的购房行为等；第五章为家庭金融资产，着重介绍金融市场中家庭对各类金融产品的持有状况；第六章为其他非金融资产，介绍家庭的汽车、家庭耐用品和其他非金融资产的拥有情况；第七章为家庭负债，介绍了家庭总体负债规模、家庭的信贷参与情况以及家庭的信贷约束问题；第八章为家庭收入与支出，该章节概述了家庭的收入来源和支出项目；第九章为保险与保障，介绍了社会保障和商业保险的覆盖情况。

当前，中国经济发展进入新常态，中国经济发展方式和增长质量，正在经历深度变革。消费对我国GDP的贡献率逐步提高，已经成为经济增长的主要动力。而消费的持续增长离不开家庭收入的稳定增长、家庭财富的增长以及家庭的信贷可得性和消费结构升级。希望本书在记录家庭各方面的经济生活变化的同时，能为政府、金融机构以及各行各业机构带来一些参考与启发，能让读者更好地理解家庭及国家经济生活的变迁。

中心主任甘犁教授对本书的框架和内容作出了详细的指导，副主任吴雨、弋代春在内容编写过程中提出了建设性的意见。

特别感谢中心研究员王香、胥芹以及黄恒在数据处理、文字写作上的帮助，同时感谢数据部张超在编辑整理及组织协调等方面的帮助。最后，感谢中国家庭金融调查与研究中心各个团队的付出，包括执行团队、技术团队、质控团队、数据团队及研究团队等。

中国家庭金融调查与研究中心

2021 年 10 月

目 录

第一章　调查设计

第一节　中国家庭金融调查项目简介

西南财经大学于2010年成立中国家庭金融调查与研究中心(以下简称“中心”),从2011年开始在全国范围内开展抽样调查项目——中国家庭金融调查(China Household Finance Survey,简称CHFS),每两年进行一次全国性入户追踪调查访问,旨在收集有关家庭金融微观层次的相关信息。调查的主要内容包括:住房资产和金融财富、负债和信贷约束、收入、支出、社会保障与保险、代际转移支付、人口特征和就业以及支付习惯等相关信息,以便为学术研究和政府决策提供高质量的微观家庭金融数据,对家庭经济、金融行为进行全面细致的刻画。该调查是针对中国家庭金融领域全面系统的入户追踪调查,调查成果将建成中国家庭金融微观领域的基础性数据库,为社会共享。

依托系列调查,中心构建了“中国宏观经济形势季度数据”“中国小微企业数据”“中国城乡社区治理调查数据”等中国数据体系,形成以服务国民经济、财税事业和宏观经济可持续发展为目标,以实地调研为基础,多方数据来源为参考的多维度、高时效、高质量的大型微观数据库,为学术研究者提供更加丰富实用的数据基础,拓展其分析方法和手段;为中国政策制定者提供第一手研究基础资料,更好地服务于国计民生,创造更大的社会价值和科学价值。

西南财经大学中国家庭金融第一轮调查于2011年开展,数据样本共包含了全国范围内80多个县、320个社区的共8438户家庭的微观数据。第二轮调查于2013年开展,共收集了分布在全国267个县、1048个社区的共28000多户家庭的微观数据,其中有6800多户家庭追访成功(即为2011年的老受访户)。2015年完成了第三轮调查,共收集了全国351个县、1396个社区的40000多户家庭的详细微观数据,其中有21000多户家庭追访成功(即为2013年的老受访户)。2017年完成了第四轮调查,共收集了全国355个县、1428个社区的40000多户家庭的微观数据。

第二节　数据抽样设计及抽样过程

为了保证样本的随机性和代表性，同时达到CHFS着眼于研究家庭资产配置、消费储蓄等行为的目的，本项目的整体抽样方案采用了分层、三阶段与规模度量成比例(Probability Proportionate to Size Sampling，简称PPS)的抽样设计。第一阶段抽样在全国范围内抽取市(县)；第二阶段抽样从市(县)中抽取居委会(村委会)；最后在居委会(村委会)中抽取住户。本项目第一轮调查的户数设定为8438户，第二轮调查的户数为28000多户，第三轮和第四轮的调查户数为40000多户。

中国家庭金融调查与研究中心于2011年7月至8月实施了第一轮访问。初级抽样单元为全国除西藏、新疆、内蒙古和港澳台地区外的2585个县(区、县级市)。在第一阶段抽样中，项目组将初级抽样单元按照人均GDP分为10层，在每层中按照PPS抽样抽取8个县(区、县级市)，共得到80个县(区、县级市)，分布在全国25个省份。项目组均衡考虑经费和数据代表性，在每个抽中的县(区、县级市)中，按照非农人口比重分配居委会(村委会)的样本数，并随机抽取相应数量的居委会(村委会)，且保证每个县(区、县级市)抽取的居委会(村委会)之和为4个。在每个抽中的居委会(村委会)中，本调查根据社区住房价格对高房价地区进行重点抽样，即房价越高，分配的调查户数就相应越多①。由此得到每个社区访问的样本量为20～50个家庭。在每个抽中的家庭中，对符合条件的受访者进行访问，所获取的样本具有全国代表性。进行第一、二层抽样时，在总体抽样框中利用人口统计资料进行纸上作业；进行末端抽样时，采用地图地址进行实地抽样。

2013年，对中国家庭金融调查的样本进行了大规模扩充。初级抽样单元(Primary Sampling Unit，简称PSU)为全国除西藏、新疆和港澳台地区外的全部市(县)。在数据具有全国代表性的基础上，通过抽样设计使得数据在省级层面也具有代表性。具体做法是，在第一阶段抽样时，在每个省内将所有县(区、县级市)按照人均GDP排序，然后在2011年抽中县

①数据处理时通过权重调整，完善样本代表性，纠正抽样偏差，即减少样本与总体结构偏差。

(区、县级市)的基础上,根据人均 GDP 排序进行对称抽样。例如,某省共有 100 个县(区、县级市),将其按照人均 GDP 排序后,若 2011 年抽中的市(县)位于第 15 位,则对称抽取人均 GDP 位于第 85 位的市(县)。在此基础上,若 2011 年该省抽中的县(市)样本过少,对称抽样不足以构成省级代表性时,将采用 PPS 抽样的方式追加市(县)样本(具体实施方法见对新增省份抽样方法的描述)。对于新抽中的宁夏、内蒙古和福建三个省(自治区),同样采用概率比例规模抽样法(PPS)抽取市(县)样本。具体做法为,对该省内所有县(区、县级市)按照人均 GDP 排序,然后以人口为权重,采用等距抽样抽取市(县)样本。在第二阶段抽样中,项目组对新增市(县)样本使用了与 2011 年不同的抽样方式。在所有新抽中的县(区、县级市)内部,按照非农人口比例将各个街道(乡)、居委会(村委会)排序,然后使用以人口为权重的 PPS 等距抽样方式抽取 4 个居委会(村委会)。

2015 年和 2017 年在 2013 年调查样本量的基础上,再次进行了扩样,使得调查样本具备全国、省级层面和副省级城镇的代表性,2017 年最终得到的样本包含 355 个县(区、县级市),1428 个居委会(村委会),涵盖全国 29 个省份。

一、绘制住宅分布图

本项目的末端抽样建立在绘制住宅分布图以及制作住户清单列表的基础上,借助“住宅分布地理信息”作为抽样框来进行末端抽样。末端抽样框的精度很大程度上取决于实地绘图的精度,因此,如何有效地提高绘图精度成为关键。

CHFS 的绘图采用项目组自行研发的地理信息抽样系统,借助 3G(RS、GPS、GIS)技术解决了目标区域空间地理信息的采集问题。借助地理信息研究所提供的高精度数字化影像图和矢量地图,绘图员在野外通过电子平板仪加上 GPS 定位获取高精度的测量电子数据,并直接输入到计算机系统中,从而获得高质量矢量底图。考虑到地图数据的时效性,通过后期实地核查、人工修正的方式对空间地理数字模型进行调整,建立起与现实地理空间对应的虚拟地理信息空间。

该系统除了使绘图工作人员能直接在电子地图上绘制住宅分布图外,还能储存住户分布信息,辅助完成末端抽样工作,在最大程度上提高工作效率,减少绘图和末端抽样误差。此外,使用电子地理信息抽样系统也有利于保存住户信息资料,为进一步深化和改进项目工作奠定基础。

二、末端抽样

末端抽样基于绘图工作生成的住户清单列表并采用等距抽样的方式进行。具体步骤如下:

第一,计算抽样间距,即每隔多少户抽选一个家庭。计算公式为:

抽样间距=住户清单总户数÷设计抽取户数(向上取整)

若某社区有住户100户,计划抽取30户,则100÷30≈3.33,则抽样间距为4。

第二,确定随机起点。计算抽样间距后,在第一个间距内采用随机法确定起点。

第三,确定抽中住户。随机起点所指示的住户为第一个被抽中的住户。在上述例子中,随机起点为4,则第一个被抽中的住户是编号为4的住户,其他被抽中的住户依次为8、12、16、20等等,以此类推,直至抽满30户为止。

在抽样中对家庭的定义如下:家庭可分为多人家庭和单人家庭。多人家庭由夫妻、父母、子女、兄弟姐妹等构成,可以直接访问。单人家庭又分为以下两种情况:没有其他家人,可以直接访问;在其他地方有家人,但经济相互独立,则其他家人不算作本地区的家庭成员。同时,家庭中必须至少有一人是中国国籍,在本地区居住至少6个月以上。总的来说,识别家庭的原则须满足下列条件之一:共享收入,共担支出。

三、加权汇总

在我们的抽样设计下,由于每户家庭被抽中的概率不同,因此每户家庭代表的中国家庭数量也就不同。在推断总体的时候,需要通过权重的调整来真实准确地反映每户样本家庭代表的家庭数量,以获得对总体的正确推断。中国家庭金融调查的所有计算结果都经过抽样权重的调整。抽样权重的计算方法如下:根据每阶段的抽样分别计算出调查市(县)被抽中的概率P1、调查社区(村)在所属区县被抽中的概率P2以及调查样本在所属社区(村)被抽中的概率P3,分别计算出三阶段的抽样权重W1=1÷P1、W2=1÷P2、W3=1÷P3,最后得到该样本的抽样权重为W=W1×W2×W3。根据实际情况,考虑到调查样本的城乡、性别、年龄比例等分布的不均衡，因此还会进行分组调整。

第三节 数据采集与质量控制

一、CAPI 系统介绍

CHFS 项目汲取了国际上通用的计算机辅助面访系统（Computer Assisted Personal Interviewing，简称 CAPI）框架和设计理念，研发了具有自主知识产权的面访系统和配套管理平台。通过该系统，能够全面实现以计算机为载体的电子化入户访问。通过这种方式，能够有效减少人为因素所造成的非抽样误差，例如对问题的值域进行预设，减少人为数据录入错误、减少逻辑跳转错误等，并能较好地满足数据的保密性和实时性的要求，从而显著提高调查数据的质量。

二、访员选拔和培训

CHFS 的访员大多数为西南财经大学优秀的本科生和研究生，由博士生担任访问督导。由于所有访员均受过良好的经济、金融知识教育，因此能够深入地理解问题含义并更好地向受访者传达和解释。在正式入户访问前，项目组对选拔出的访员进行了系统培训。培训内容包括：

第一，访问技巧。在访问前如何确定合格的受访对象，如何获得受访者的信任和配合；在访问时如何向受访者准确、无偏地传达问题的含义，并记录访问中遇到的特殊问题；在访问后如何将数据传回并遵守保密性准则。

第二，问卷内容。以小班授课的方式对问卷内容进行熟悉和理解；通过幻灯片、视频等多媒体手段更生动地进行讲解；以课堂模式模拟访问，加深印象并发现不足。

第三，CAPI 电子问卷系统和访问管理系统。在课堂上向访员发放上网本。上网本已经安装 CAPI 电子问卷系统和中心自主研发的访问管理系统。通过实际操作，引导访员熟悉操作系统，尤其是访问过程中备注信息的使用和各种快捷操作。

第四，实地演练。课堂培训结束后，组织访员进行实地演练，即小范围地入户访问，以考核访员对访问技巧和问卷内容的掌握情况，查漏补缺。

CHFS的绘图员经历多轮培训,在培训完成后,CHFS还对访员进行了严格的考核评分,对考核表现不理想的访员进行再培训或者取消其访问资格。而对于作为访问管理环节具体实践者的博士生督导,中心工作人员对其进行了更为严格的培训。每个合格的督导不仅需要参加完整的访员培训,而且必须接受额外的督导培训,要求其熟练掌握督导管理系统、样本分配系统和CAPI问题系统。

上述严格的培训和考核保证了CHFS的访问督导质量和访员质量,为高质量调查访问数据的收集奠定了坚实基础。

三、社区联系

入户访问的一大困难是取得受访者的信任和理解,因此通过熟悉当地情况的社区或村委工作人员带领,向受访者说明项目的背景和目的,在受访者合作程度不高时进行解释和说服,能够在很大程度上降低项目的拒访率。

四、质量控制

数据质量是调查的生命线,质量的保证不仅要求有合理的样本设计和可靠的调查问卷,还必须对数据收集过程本身,即调查实施制定一套严格的质量标准,并系统地监测每次调查过程,以保证调查能遵循规定的程序达到要求的质量标准。2017年,中国家庭金融调查与研究中心在使用计算机辅助调查(Computer Aided Instruction,简称CAI)模式采集数据的基础上,进行了全新维度的数据质量监控,通过将计算机辅助调查系统与质量监控系统相链接,对实时回传的访问数据及访问相关的并行数据进行实时分析,实现全方位监测每次调查过程、有效核查每个样本数据、准确清理所出现的异常数值,保证质量监控与实地访问工作相对同步,及时发现并指导纠正访员在调查中出现的各种错漏。

考虑执行方式及受访对象特征,一般在项目的实时核查阶段采用全方位、多途径的数据质量监控手段,对调查中访问失败及访问成功的样本进行全面、严格的审核,包括:换样核查、电话核查、录音核查、数据核查、GPS核查、图片核查、重点核查(利用各项核查中异常样本交集与敏感数据缺失情况重点监测)等,全面排查并实时反馈访员的行为与数据的质量,保证每个调查样本的数据质量。但也可以根据项目各自具有的特点,对调查过程中特定的环节进行核查，或有针对性地对其中某些维度进行审核。

（一）失败样本

为保证 2015 年中国家庭金融调查样本的代表性及数据的科学性，中心在前期准备阶段进行了科学抽样，并要求调查员须尽一切努力访问到抽中的村组及样本户，质量监控人员保证对失败样本换样执行最严格审核，最大程度减轻因访员更换样本对样本代表性造成的影响。

1. 换样规则

我们根据调查访问实地情况及调查项目需求，并参考往期调查中出现的各种样本接触情况作出预设，依据预设情景制定严格的替换样本规则，即可以分别针对受访户地址错误、不详、拆迁、空户、敲门无人应答、拒访、不符合访问条件及其他情况，制定相应的换样规则。对于追踪样本，当出现地址错误、不详、拆迁、空户、敲门无人应答等情况时，必须经过中心后台联络、访员前端各种方式追寻无果后，方可申请换样；对于敲门无人应答、拒访两种情境，必须寻求当地社区或联络人协助入户，且经过六次敲门无人应答（其中一次在周末，两次在晚间）、三次拒访时，方可申请换样。

2. 换样审核

在实时访问阶段中，中心质控部门安排专人负责审核访员提交的每一个换样申请，严格查看访员每一次实地接触样本情况，包括样本访问失败原因、接触次数、每次接触时间等，根据接触情况判断样本是否仍有争取可能性，以及是否达到申请换样的既定标准。

3. 换样流程

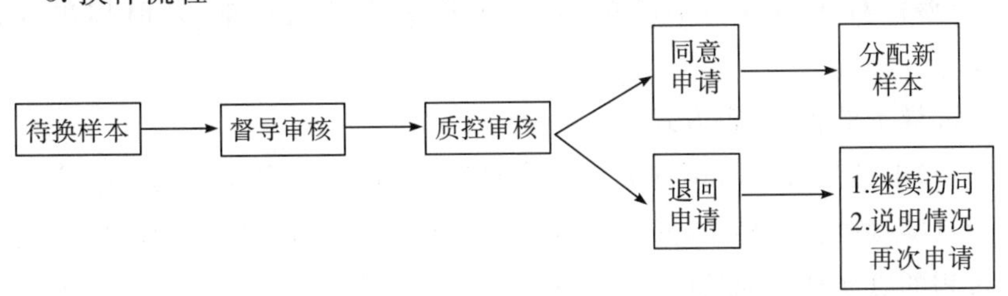

图 1-1 中国家庭金融调查样本更换流程

（二）成功样本

2017 年，我们对每个访问成功样本均实时监测了其调查过程、严格审核了调查数据质量，监测及审核合格后，方收入调查数据库。在监测与审核过程中，如发现访问问题，会对相关访员进行及时反馈和指导，以纠正访员不规范访问行为；如出现异常数据或错误数据，会进行有效清理，以提高调查数据质量。

1.调查质量监控要求

对于2017年中国家庭金融调查项目访问人员行为监测与核查,要求如下:

(1)访员严格按照调查要求进行访问,工作细致、严谨、耐心,熟练运用相关访问技巧,保证调查数据及资料的完整性。

(2)访员对问卷、访谈提纲理解透彻,对问题题意、填答要求把握精准,准确、忠实记录受访者回答答案,保证调查数据及资料的准确性。

(3)访员的态度保持中立、客观,不受任何外界因素干扰,不诱导或暗示受访者填答,保证调查数据及资料的客观性。

(4)访员严格按照抽中样本开展访问,不得出现任意挑选访户、更换访户、自问自填、臆答等弄虚作假行为,保证调查数据及资料的代表性和可靠性。

综上,通过严格监督和管控访员访问行为,可从源头有效避免收集“不达标”的调查数据或资料。

2.调查质量监控流程

(1)计算机辅助调查系统回传成功样本访问数据及相应并行数据。

(2)核查人员通过质量监控系统监测访问过程,多维度核查样本数据。

(3)根据监测核查结果,评估每个样本调查质量,及时清理异常数据。

(4)汇总、反馈调查执行中出现的问题,并指导访员进行纠正。

(5)针对访问行为不端样本、数据质量不合格样本,及时提出补访方案。

3.样本监控、核查方式

(1)电话核查。对调查成功样本进行电话回访,主要目的为核实访员是否真实接触抽中样本,并认真完成了访问,保证访问样本的准确性及调查过程的真实性。回访时,主要核实三个方面信息:询问受访户身份或地址,确保访员准确访问所抽中样本;询问受访者对访员工作评价,确认访员是否认真完成访问;询问两三个客观问题,与调查回传数据进行对比,防止弄虚作假。

(2)录音监控。为保障调查过程及填答规范、准确,在受访户知晓并同意的前提下,调查系统对每个样本问答过程进行同步录音,并随同数据一并回传至后台。核查员通过听取访问录音,全程监控样本访问过程,及时发现并更正错误填答,纠正访员不规范访问行为及其他访问偏误。

录音监控务必保证每位访员均会有样本被抽取核查,抽样方式为:①对每个访员第一份同意录音的成功访问样本都进行录音核查。②每个访员剩余其他同意录音的成功样本按一定比例随机抽选进行录音核查。抽查要保证样本覆盖到每位访员,且同一访员的抽核样本在访问时间分布上尽量分散。

录音核查结果须及时给予反馈,并提醒访员须注意的问题,在访问结束后对每个访员进行质控评分。

(3)数据核查。数据核查主要对样本的数据逻辑、阈值标准、无效比率情况、键盘记录等方面进行分析,识别异常样本和异常数据。核查重点主要包括四个方面:"不知道"或"拒绝回答"率核查、访问时长核查、异常值核查、数值题目检验。对于核查标示的异常数值,须通过录音监听、电话回访等方式核实,并对异常数值作出"修改""删除"或"保留"判断。

①"不知道"或"拒绝回答"率核查。在调查访问中,对于受访者缺乏了解或触及隐私的问题,允许回答"不知道"或"拒绝回答",样本数据中这两个选项出现的比例在一定范围内,都属于正常情况。当"不知道"和"拒绝回答"的出现比率过高时,则有可能出现受访者敷衍作答,或访员消极访问的情况。因此,可以计算每份问卷中"不知道"和"拒绝回答"的频率,判断出可疑样本数据。

②访问时长核查。时长过短:调查系统将自行记录每题进入和退出的时间点。故核查阶段可计算得到每个样本在访问过程中的耗时情况。通过对比分析所有成功访问样本的时长分布,根据预设置信水平,标示出时长过短的异常样本。时长波动:不同问题的难度系数具有明显的差异,理论上其答题时长也将有明显区别。若样本每题的答题时长几乎无波动,则该份问卷数据质量存疑。故可使用样本答题时长的标准差与离散系数来衡量时长波动情况,将标准差或离散系数小于1%分位数的样本单独列出,标示出时长波动异常样本。时长差异:为避免访员通过延长、缩短答题时间掩饰作弊行为,可采用时长差异作为核查标准,选取每题答题时长的中位数作为该题的标准答题时长,将核查样本的对应题目与标准答题时长进行对比,根据95%分位数,设置异常题目的标准。最后,统计该样本中异常题目数量,利用99%分位数将异常样本标列出来。

③异常值核查。异常值核查主要采用3σ准则,即拉依达准则,它认为

数值分布在($\mu-\sigma,\mu+\sigma$)的概率为68.27%,数值分布在($\mu-2\sigma,\mu+2\sigma$)的概率为95.45%,数值分布在($\mu-3\sigma,\mu+3\sigma$)的概率为99.73%。其中,μ为一组数据均值,σ为该组数据标准差。即:数据有极大概率落在均值与3倍标准差之间。若数值不在该区间范围内,则认为该数据异常。故此,对数值类题目异常值的处理,可将取值大于或小于样本均值3倍标准差的部分标记为异常,并计算异常值比例。

(4)GPS核查。GPS核查工作主要是充分利用监测访员GPS行走轨迹和调查系统记录的键盘数据,识别异常样本。理论上,调查访问的样本可能会集中于某些位置,但不应过分集中。故可以统计调查地区所有GPS点,并计算样本集中情况(每个GPS点完成的样本量),作为调查质量评价判断因素之一。

(5)图片核查。图片核查主要核实访员是否准确寻找到追踪受访户。在末端绘图抽样期间,绘图员会对每一个样本户外观进行拍照,并回传图片。访问期间,要求访员同样对受访户外观进行拍照。此外,在调查时,尽量征求与受访者进行合影。

核查员通过对比绘图员和访员拍摄样本户住宅外观照片,及对比追踪调查与基线调查两次拍摄受访者合影,判断本次访问的准确性和真实性。

(6)重点核查。将上述各项核查中提取出来的异常样本,结合敏感数据缺失情况进行重点核查,最大可能保证调查数据的高质量。

对成功访问的样本进行上述多维度的核查,并通过实时核查、数据清理获得较为真实的数据,从而实现研究目标,最终形成系统的数据服务。

4.质量评估

在2015年中国家庭金融调查项目结束后,根据项目整体检测、核查情况,对调查数据质量进行整体评估,并以核查报告形式对调查数据质量进行详细阐释和总结。

(三)数据清理

在2017年中国家庭金融调查执行、核查结束后,质控部门对采集的调查数据进行了及时高效的数据清理工作。

数据清理主要包括修改变量名、添加变量标签、样本合并、数据拆分、多选拆分、清除无效变量等,访问结束后将使用核查后导出的数据,校正读取备注的信息、主动报备的情况(包括题目反馈、样本编号反馈等)、二次核查的情况等未录入系统的数据统一代码修正。

项目组接下来将数据进行重新编码、处理插值、计算收入资产负债，切割检查数据，编写数据使用手册，包括抽样、核查、质量、数据、插值、收入资产负债消费、权重等相应的说明，随数据一并交付。后续根据使用反馈更新数据，进行数据维护。

第二章　家庭人口与工作特征

改革开放以来，中国经济经历了高速发展，在政治、经济、对外开放等领域取得了举世瞩目的成就，人民生活水平大幅提高。自2010年以来，我国经济总量超过日本，跃居世界第二大经济体。得益于义务教育政策的稳固实施及高校扩招政策的持续推进，我国人口素质显著提升。国家统计局在2019年发布的《新中国成立70周年经济社会发展成就系列报告》中指出，我国劳动年龄人口的平均受教育年限由1982年的刚刚超过8年提高到2018年的10.63年。同时，随着高校招生规模快速增长，高学历层次的人才不断增多，2010年大专及以上受教育程度人口占比为8.9%，2018年达到13.0%。另外，自20世纪90年代以来，我国女性与男性的教育差距在不断缩小，越来越多的高学历女性在社会分工中担任重要角色。

但是，自2000年开始，我国人口结构发生了一系列变化，如老龄人口比例逐年攀升，劳动年龄人口数量下降，导致了老年人口抚养比持续上升。根据第五次、第六次全国人口普查，我国2000年、2010年65周岁及以上人口占总人口比重分别为7.0%、8.9%。按照联合国《人口老龄化及其社会经济后果》确定的划分标准，我国已于本世纪之交步入了老龄化社会，并且老龄化进程仍在加速。根据国家统计局人口抽样调查数据，至2018年我国老龄化水平已达到11.9%。此外，虽然我国人口素质显著提升，但仍存在显著的城乡差异。我国女性的受教育程度逐渐追赶上男性，但城镇中女性高学历人群的未婚率较高。

本章将利用中国家庭金融调查(CHFS)2017年调查数据，结合CHFS 2013年和CHFS 2015年的调查数据，描述近十年来我国人口在性别、学历、婚姻状况、收入的基本特征及变化情况。

第一节　家庭人口特征

一、家庭结构

根据中国家庭金融调查(CHFS) 2017 年数据,我国两口及三口之家居多,共占比 55.9%。

CHFS 展示了家庭人口规模的构成分布情况,如图 2-1 所示,由 1 人组成的家庭占比为 9.0%,由 2 人组成的家庭占比为 30.8%,由 3 人组成的家庭占比为 25.1%,由 4 人组成的家庭占比为 15.8%,由 5 人组成的家庭占比为 10.2%,由 6 人组成的家庭占比为 6.2%,由 7 人组成的家庭占比为 1.8%,由 8 人及以上组成的家庭占比为 1.1%。

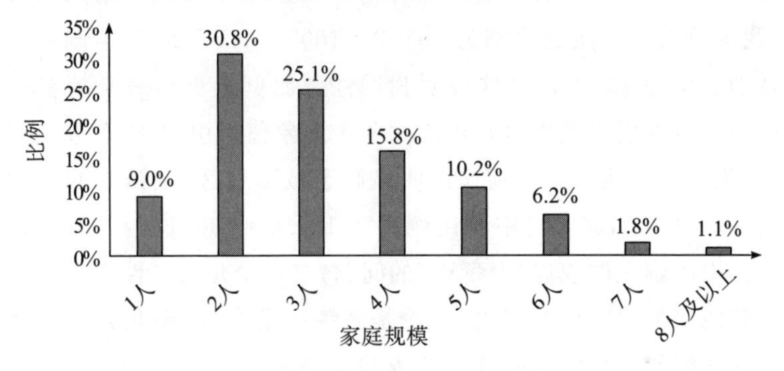

图 2-1　家庭人口规模构成

通过对家庭人口规模按照城乡来进行对比分析,CHFS 数据发现我国

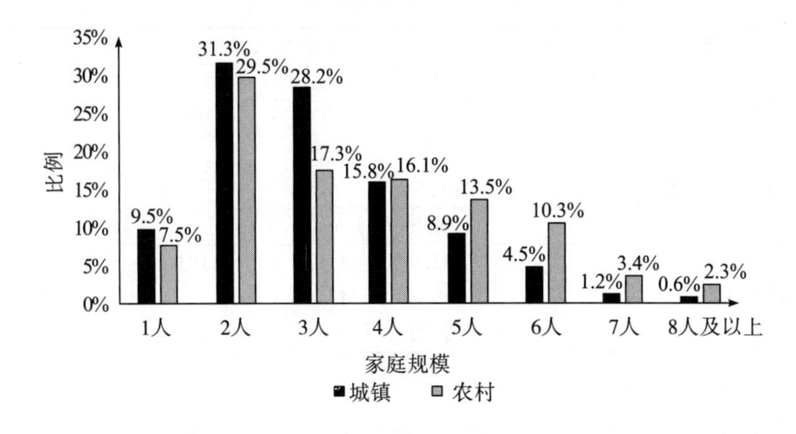

图 2-2　城乡家庭人口规模构成

城镇家庭与农村家庭在人口规模的结构上存在一定的差异。如图 2-2 所示，首先，近三成(29.5%)的农村家庭为 2 口之家，而 3 口之家、4 口之家、5 口之家的分布比较均衡，依次为 17.3%、16.1%与 13.5%。在城镇家庭中，2 口之家与 3 口之家的占比较高，分别为 31.3%和 28.2%。其次，在农村家庭中，五口及以上人口组成的家庭户数占比为 29.5%，而在城镇家庭中这一比例仅为 15.2%，这或许是因为我国农村地区家庭传统观念较强，数世同堂的现象比较常见。最后，城镇单身家庭的比例高于农村，前者比例为9.5%，后者为 7.5%。

二、性别构成

从自然科学的角度讲，新生儿的男女比例大致为 106∶100，男婴出生率略高是对男婴夭折率较高的自然补偿[①]。在 2010 年国家第六次人口普查中，我国总人口的性别比例为 105.2∶100。CHFS 2017 年调查样本的男女性别比例为 102∶100，这说明我国性别比例近十年来维持在一个合理的区间。但性别比例中呈现出来的两个现象值得引起重视，从表 2-1 可见，一是我国农村地区的性别比例明显高于城镇地区，城镇中的男女性别比例为 99.0∶100，而农村中该比例高达 108.6∶100，这会导致我国农村成年男性中困难人群遭遇“娶妻难”的问题；二是少儿人口性别比例失衡的现象比其他年龄组别更加突出，无论是城镇还是农村，少儿人口的性别比都高于其他组别，城镇和农村少儿人口的性别比分别是 117.1∶100 和 123.2∶100。

表 2-1　年龄与性别结构

	平均年龄(周岁)	年龄中位数(周岁)	不同年龄组人口所占比例(%)			
			总人口	少儿人口	劳动年龄人口	老年人口
总人口	42.3	44	100	14.4	61.2	24.4
男性	41.4	43	50.5	15.5	61.0	23.5
女性	43.2	46	49.5	13.2	61.4	25.4
			性别比例(%)			
总人口			102.0	119.3	101.4	94.4
城镇			99.0	117.1	98.8	90.6
农村			108.6	123.2	107.6	102.6

①魏尚进，张晓波：“The Competitive Saving Motive: Evidence from Rising Sex Ratios and Savings Rates in China”, *Journal of Political Economy*.

（说明：根据我国不同年龄的划分，少儿人口是指15周岁以下的人群，劳动年龄人口是指15周岁及以上和60周岁及以下的人群，60周岁以上为老年人口。性别比＝男性人口÷女性人口，其中女性人口以100为基数。）

三、年龄结构

中国在2010～2015年，无论是15～64周岁还是15～59周岁的劳动年龄人口结构都发生了根本变化——劳动年龄人口绝对数量下降，人口抚养比上升①。根据CHFS 2017年的调查数据，如表2-1所示，我国少儿人口、劳动年龄人口（15～60周岁）和老年人口（60周岁以上）比重分别为14.4％、61.2％和24.4％。其中，劳动年龄人口比重与2015年相比有所下降，老年人口比重同期相比上升较快，2015年按照CHFS数据我国劳动年龄人口与老年人口的占比分别为66.8％与18.8％。

分析CHFS数据发现，我国人口的抚养比变化呈现出以下特征：一是总抚养比快速上升，2013、2015、2017年依次为52.6％、52.8％、63.4％；二是老年人口抚养比迅速赶超少儿人口抚养比，2015年我国少儿人口抚养比和老年人口抚养比分别为23.1％与29.7％，而2017年此数据依次为23.5％与39.9％，差距进一步加大；三是我国农村地区的抚养负担较城镇更重，如表2-2所示，我国农村地区的总抚养比、少儿人口抚养比和老年人口抚养比分别为71.4％、27.6％和43.8％，均高于城镇地区的59.9％、21.7％、38.2％。

从地域趋势来看，我国的东部地区总抚养比为64.2％，依次略高于西部地区的63.2％和中部地区的62.6％。东部、中部和西部地区的少儿抚养比依次递增，分别为东部地区22.1％、中部地区23.6％和西部地区25.7％，而老年抚养比在东中西部地区依次递减，分别为东部地区42.2％、中部地区39.0％和西部地区37.5％。

表2-2　家庭人口负担

	总抚养比	少儿抚养比	老年抚养比
全国	63.4％	23.5％	39.9％
城镇	59.9％	21.7％	38.2％
农村	71.4％	27.6％	43.8％

①陆旸，蔡昉：《人口结构变化对潜在增长率的影响：中国和日本的比较》，《世界经济》2014年第1期。

续表

	总抚养比	少儿抚养比	老年抚养比
东部	64.2%	22.1%	42.2%
中部	62.6%	23.6%	39.0%
西部	63.2%	25.7%	37.5%

(说明:总抚养比是指少儿和老年人口占劳动年龄人口的比例;少儿抚养比是指少儿人口占劳动年龄人口的比例;老年抚养比是指老年人口占劳动年龄人口的比例。)

四、学历结构

图 2-3 展示了 CHFS 2017 年调查样本中受教育程度的分布。如图所示,初中学历人群占比最高,为 30.3%,其次为小学和高中学历人群,占比分别为 21.3%和 14.9%;受过中专、大专、大学本科教育的比例依次为 5.9%、7.9%和 9.2%;硕士学历的人群占比为 0.8%,获得博士学位的人数占比仅为 0.1%。另外,在调查样本中,2017 年没上过学的人群占比为 9.6%,相比较于 2013 年及 2015 年的 11%,略有下降。

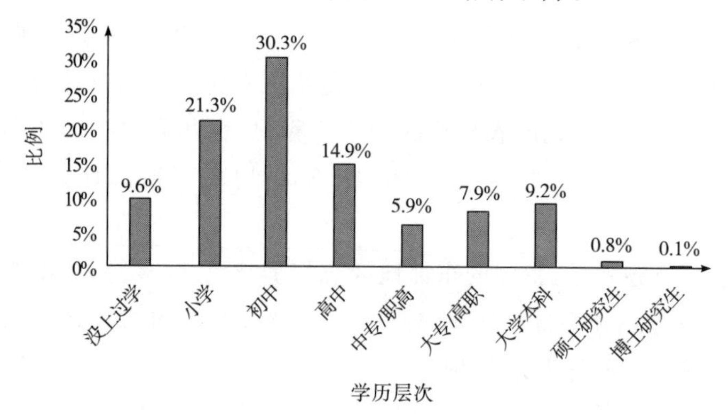

图 2-3 学历结构

(说明:样本控制在年龄为 16 周岁及以上的群体。)

CHFS 对调查样本的学历结构进行城乡对比后发现,我国城镇与农村在受教育水平上呈现出二元结构。表 2-3 展示了我国城乡人口的学历构成情况。第一,农村人口中没上过学的比例为 17%,而城镇人口中此比例仅为 6.3%。农村地区有 81.4%的人口为初中或以下学历,城镇人口中此比例为 52%,这说明农村人口的整体受教育水平要低于城镇人口。第二,城镇人口中获得大学本科及以上学历的比例为 13.3%,农村地区仅为 3.1%,这也在一定程度上印证了近年来社会对“寒门难出贵子”的讨论。

那么农村人口是否更多地接受了职高/高职教育呢？数据发现结果不尽其然。即使是对比获得中专/职高以及大专/高职学历的人口比例，城镇也远高于农村，前者高达17.4%，后者仅为5.9%。由此可见：农村人口在获得九年义务制教育后，继续接受教育的人口占比急剧下降，而城镇人口则有更高的比例继续接受教育并获得更高的学历。

表2-3　城乡与学历结构

学历	城镇	农村	东部	中部	西部
没上过学	6.3%	17.0%	7.7%	10.6%	11.5%
小学	16.3%	32.2%	19.4%	21.0%	24.7%
初中	29.4%	32.2%	30.7%	31.3%	28.3%
高中	17.3%	9.6%	15.4%	15.7%	13.1%
中专/职高	7.3%	2.9%	6.4%	5.6%	5.4%
大专/高职	10.1%	3.0%	8.9%	7.0%	7.5%
大学本科	12.1%	2.9%	10.4%	8.0%	8.7%
硕士研究生	1.0%	0.2%	0.9%	0.7%	0.6%
博士研究生	0.2%	0.03%	0.1%	0.1%	0.2%
合计	100%	100%	100%	100%	100%

（说明：样本控制在年龄为16周岁及以上的群体。）

CHFS对调查样本的学历结构进行了地域对比，结果显示我国居民受教育程度具有地域性差异。如表2-3所示，西部地区人口中没上过学的比例最高，为11.5%，然后是中部地区，比例为10.6%，东部地区人口中没上过学的比例为7.7%，这一比例低于全国9.6%的水平。西部地区有24.7%的人口仅接受了小学教育，此比例在中部地区和东部地区为21%与19.4%。由此可见，受制于地理、经济和人口等传统因素，西部地区有接近四成人口受教育水平较低。其次，西部地区人口中获得初中、高中、中专学历的人口比例，也低于东部、中部地区；但是，对比大专、大学本科学历人口的比例，西部地区与其他地区的差距并不明显，这两个比例甚至超过了中部地区。东、中、西部地区大学本科学历的人口比例依次为10.4%、8%、8.7%。根据CHFS数据，西部地区拥有大学本科及以上学历的人口比例在2013年、2015年、2017年稳步提升，依次为6.9%、8.7%、9.5%。中部地区为8.1%、8.5%、8.8%。这说明国家近年来全面提高西部地区高等教育质量的教育方针取得了成效，中西部地区的本科及以上比例逐年提升，尤其是西部地区提升非常明显。

此外，CHFS分析了不同年龄段人口的学历分布情况。如图2-4所示,我国的学历结构存在一定的年龄层次差异。CHFS 2017 年调查结果显示,我国 50 周岁及以上人口中 75.8%为初中及以下学历,35～49 周岁人口中该比例为 61.7%,16～35 周岁人口中该比例为 34.5%;50 周岁及以上人口中没上过学、仅有小学学历的比例远远高于其他年龄组人群,36～49周岁人口中,初中学历占比最高,为 37.1%,其次是小学和高中学历,分别为 20.8%和 12.4%;16～35 周岁人群中,21.3%拥有大学本科学历,远远高于其他年龄组,几乎是 50 周岁及以上人口中本科学历比例的 8 倍。这说明随着出生时代的推进,我国人民的受教育水平不断提升。另据教育部发布的《2019 年全国教育事业发展统计公报》显示,2019 年全国各类高等教育在学总规模为 4002 万人,高等教育毛入学率为 51.6%。

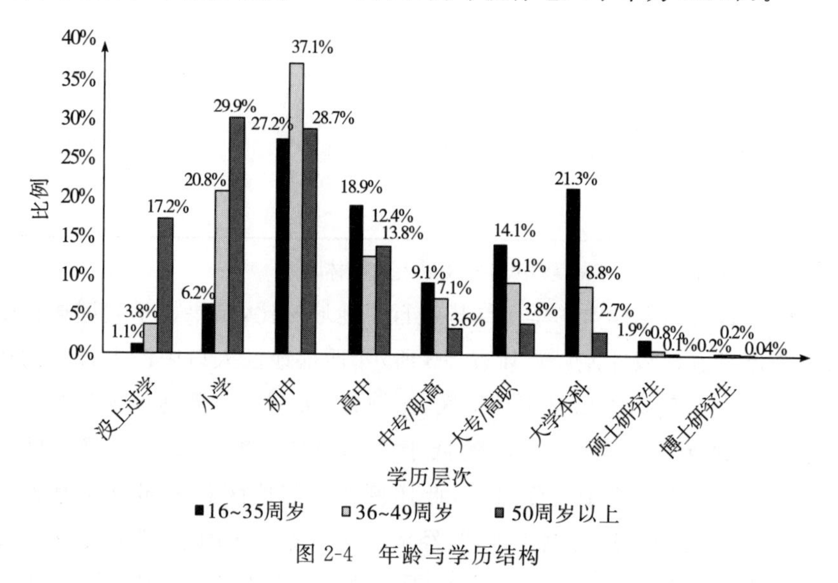

图 2-4　年龄与学历结构

五、婚姻状况

本部分将基于 CHFS 2017 年的调查数据来描述我国人口在婚姻行为方面的一些特征。表 2-4 展示了 18 周岁及以上调查样本的婚姻状况,其中已婚和未婚的比例为 79.2%与 12.8%,婚姻状况为同居和分居的比例均为 0.2%,离婚比例为 1.5%,丧偶比例为 6.0%,再婚比例为 0.2%。

再如表 2-4 所示,我国城镇和农村的婚姻状况的差异主要体现在城镇人口的离婚率要高于农村人口。

表 2-4　婚姻状况分布

（单位:%）

婚姻状况	全国	城镇	农村
未婚	12.8	12.5	13.4
已婚	79.2	79.5	78.3
同居	0.2	0.2	0.2
分居	0.2	0.1	0.2
离婚	1.5	1.8	1.0
丧偶	6.0	5.7	6.7
再婚	0.2	0.2	0.2
合计	100.0	100.0	100.0

（说明:样本控制在年龄为 18 周岁及以上的群体。）

CHFS 对 30 周岁及以上未婚人群进行了性别对比后发现：30 周岁以上未婚人群中，无论是全国还是城镇和农村，男性的未婚比例均高于女性。如表 2-5 所示，从全国来看，在 30 周岁及以上人群中，男性与女性未婚的比例分别为 4.1%与 1.2%。在农村地区差异更为明显，男性未婚比例为 5.4%，女性此比例仅为 0.7%。

CHFS 进一步发现，“剩男”“剩女”（此报告定义为 30 周岁以上未婚男女）的城乡分布再次呈现二元结构:农村地区“剩男”比例高，城镇地区“剩女”比例高。如表 2-5 所示，农村“剩男”比例为 5.4%，城镇为 3.4%；城镇“剩女”比例为 1.4%，农村“剩女”比例为 0.7%。这种现象的原因可能是城乡性别比例分布不平衡导致，正如前表 2-1 所示，城镇中的男女性别比例为 99.0∶100，而农村中该比例为 108.6∶100。换言之，在本身的性别分布中，我国城镇中女多男少，而农村中男多女少。

表 2-5　30 周岁及以上未婚人群分布

（单位:%）

	全国		城镇		农村	
	30 周岁及以上人口比例	30 周岁及以上未婚人群比例	30 周岁及以上人口比例	30 周岁及以上未婚人群比例	30 周岁及以上人口比例	30 周岁及以上未婚人群比例
男性	49.3	4.1	48.5	3.4	51.0	5.4
女性	50.7	1.2	51.5	1.4	49.0	0.7
总体	100	2.6	100	2.4	100	3.1

（说明:30 周岁以上未婚男士数量÷30 周岁以上男士数量＝30 周岁以上未婚男性所占比例;30 周岁以上未婚女士数量÷30 周岁以上女士数量＝30 周岁以上未婚女性所占比例。）

为更好地分析我国人口的婚姻特征,CHFS将30～35周岁的未婚人群进行了性别与城乡之间的对比。如表2-6所示,2017年全国范围30～35周岁未婚人群比例高达11.4%,远高于30周岁以上未婚人群比例2.6%,并且与2015年相比有上升趋势,2015年全国30～35周岁人群中未婚比例为10.3%。其次,30～35周岁未婚男性占比为16.3%,远高于同年龄段未婚女性的比例6.2%。该年龄段人群未婚比例的城乡差异与前文描述一致,即农村地区“剩男”比例高,城镇地区“剩女”比例高:30～35周岁人群中农村与城镇“剩男”比例分别为21.1%与14.2%,农村与城镇“剩女”比例为5.1%与6.5%。

CHFS数据显示,在30～35周岁群体中,除了农村女性的未婚比例从2015年到2017年略有下降外,其余无论是按照城乡划分,还是按照性别划分,此年龄段人群的未婚比例同期均在上升。值得引起重视的是,在30～35周岁的人群中,农村未婚男性的比例上升较快,由2015年的16.7%上升至2017年的21.1%。也就是说,2017年,30～35周岁的农村男性中有1/5是“光棍状态”。孟阳等①实地调查发现,由于地理位置偏僻,经济发展落后,公共服务匮乏,缺少吸引外地女性流入的动力,农村本地未婚适婚女性“一女难求”,“光棍村”已经广泛存在于很多农村地区。经济上的匮乏往往是造成农村男性娶妻难的直接原因,而“光棍”的标签又让农村大龄未婚男性遭受社会歧视,承受着巨大的心理负担。如果这种现象一直持续,未来这一庞大群体的养老负担也将加剧,导致物质和精神的双贫困。

表2-6　30～35周岁未婚人群分布比较

(单位:%)

		总体	男性	女性
CHFS 2017	全国	11.4	16.3	6.2
	城镇	10.4	14.2	6.5
	农村	14.1	21.1	5.1
CHFS 2015	全国	10.3	14.7	5.5
	城镇	9.5	13.5	5.6
	农村	11.6	16.7	5.3

(说明:30～35周岁未婚男士数量÷30～35周岁男士数量=30～35周岁未婚男性所占比例;30～35周岁未婚女性数量÷30～35周岁女性数量=30～35周岁未婚女性所占比例。)

①孟阳,李树茁:《性别失衡背景下农村大龄未婚男性的社会排斥》,《探索与争鸣》2017年第4期。

我国人口的未婚状况与受教育程度呈现出怎样的关系？如表 2-7 所示，第一，我国人口未婚比例随着受教育程度的提高一路攀升，到硕士研究生达到峰值 41.1%，然后是大学本科和博士学历的未婚比例为 35.2%与 23.6%，明显高于低学历人群。第二，低学历人群中男性未婚比例要高于女性，如表 2-7 所示，男性未上过学的未婚比例高达 9.3%，而女性未上过学的未婚比例仅为 0.7%；小学学历的男性未婚比例为 5.2%，女性为 1.0%。第三，高学历人群中女性未婚比例要高于男性，具有大学本科学历的女性未婚比例为 40.9%，男性为 29.6%；硕士研究生学历的女性未婚比例高达 44.4%，男性为 38.2%。

表 2-7　学历与未婚比例

（单位：%）

	全国	男性	女性
没上过学	2.8	9.3	0.7
小学	3.0	5.2	1.0
初中	5.9	7.8	3.7
高中	7.6	8.5	6.5
中专/职高	12.6	14.7	10.5
大专/高职	21.7	21.0	22.6
大学本科	35.2	29.6	40.9
硕士研究生	41.1	38.2	44.4
博士研究生	23.6	19.3	29.5

（说明：根据我国婚姻法规定，该表涵盖的样本中，男性均限定在 22 周岁及以上，女性均限定在 20 周岁及以上。）

图 2-5 展现了随着受教育水平的提高，未婚比例的变动趋势，无论是

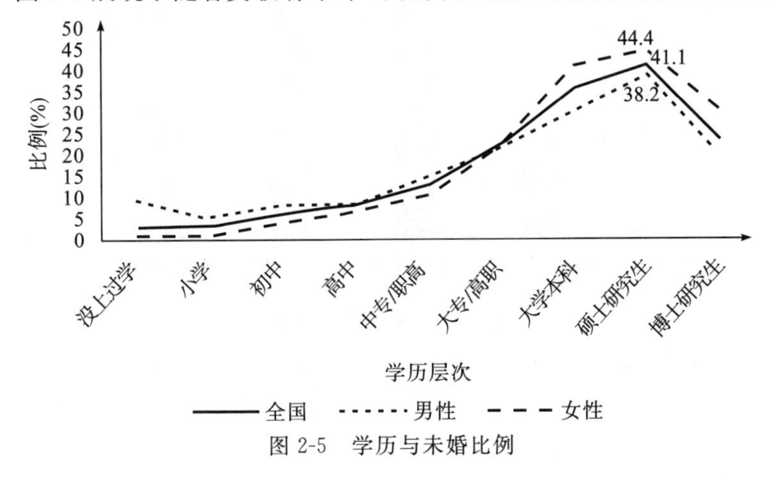

图 2-5　学历与未婚比例

从全国样本来看，还是分男性和女性来看，从没上过学到中专/职高学历的未婚比例缓慢上升，从大专/高职学历开始，未婚比例迅速上升一直到硕士研究生学历达到顶点，之后有所下降。图2-5直观地展示了从大专学历开始，女性未婚比例的曲线均位于男性未婚比例的曲线上方，也就是说女性未婚比例要高于同学历段的男性。

造成高学历"剩女"现象的原因主要有两点：一是在传统的婚恋观念中，女性抱有"向上找"的心态，更偏好比自己学历高、社会经济地位高的男性。但是随着我国女性与男性教育差距的不断缩小，接受高等教育的女性比例逐渐与男性持平，甚至有反超的趋势。根据北京大学中国家庭追踪调查(Chinese Family Panel Studies，简称CFPS)2016年的调查数据：在1980～1989年出生的人群中，接受过大学及以上教育的男女比例分别为19.7%和19.2%，而在1990～1995年出生的人群中，有42%的女性接受了大学及以上教育，而男性比例为34%，已经低于女性。因此，"比自己学历高的"男性这一市场本身相对缩小，想匹配到合适的配偶难度增加。二是高学历女性主观不愿意进入婚姻状态。对高学历女性来说，结婚之后不可避免地要承担更多的家务劳动、孕育子女、照顾儿童等责任，很大程度上会影响职业晋升以及工作收入，因此婚姻的吸引力大幅降低。

CHFS同时分析了未婚比例与就业方式的关系，如表2-8所示，受雇于他人或单位的未婚比例最高，为14.8%，其次是临时性工作，未婚比例为13.5%，务农人群的未婚比例最低，为2.2%。

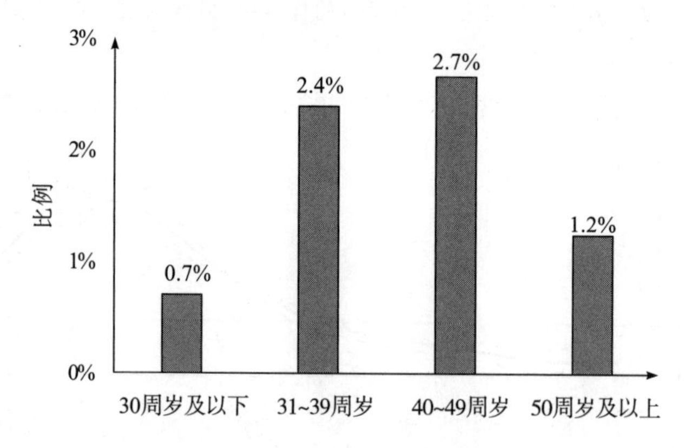

图2-6　年龄与离婚比例

(说明：男性控制在22周岁及以上，女性控制在20周岁及以上。)

表 2-8　就业方式与未婚比例

（单位：%）

	全国	男性	女性
受雇于他人或单位	14.8	14.8	14.8
临时性工作	13.5	14.2	12.2
务农	2.2	3.8	0.7
个体或私营企业	4.4	5.8	2.4
自由职业	7.6	8.8	4.9
其他（志愿者）	7.9	9.6	5.3

（说明：该表涵盖的样本中，根据我国婚姻法规定，男性均限定在22周岁及以上，女性均限定在20周岁及以上。）

另外，如图2-6所示，不同年龄组的离婚率具有很大的差异：在CHFS 2017年的调查样本中，30周岁及以下人群的离婚率整体上仅为0.7%，31～39周岁人群的离婚率为2.4%，40～49周岁人群的离婚率为2.7%，50周岁以上人群的离婚率为1.2%。31～49周岁的人群离婚率高于其他年龄段群体。

第二节　工作及收入状况

本小节我们将基于2017年CHFS数据，来描述我国人口的工作状况、工作收入等特征，以及这些要素与受教育年限、性别、年龄等的关系。

一、工作状况

2017年CHFS样本中，受雇于他人或单位人口所占比例为33.4%，临时性工作人口所占比例为25.2%，这两部分人口一共占据了就业人口将近六成的比例。在家务农人口所占比为24.2%，经营个体或私营企业包括自主创业的人口所占比例为14.0%，自由职业者人口所占比例为2.3%，其他类型人口所占比例为0.8%。

从就业结构的城乡分布来看，农村人口中有一半以上从事务农工作，如表2-9所示，农村地区务农人群占农村就业人员的53.2%；城镇人口中受雇于他人或单位、临时性工作的就业比例最高，依次为45.2%、25.4%。

表 2-9　就业结构

(单位:%)

	全国	城镇	农村
受雇于他人或单位	33.4	45.2	12.3
临时性工作	25.2	25.4	25.0
务农	24.2	8.1	53.2
个体或私营企业	14.0	17.7	7.2
自由职业	2.3	2.6	1.7
其他(志愿者)	0.8	0.9	0.7
合计	100	100	100

CHFS 进一步比较了年龄、受教育年限与就业方式的关系。如图 2-7 和图 2-8 所示,无论是城镇还是农村,务农人群的年龄普遍高于其他就业方式的人群,受教育年限也普遍低于其他就业方式人群,可见务农群体年龄比较大且接受教育水平较低。在家务农的人口平均年龄为 55.3 周岁,平均受教育年限为 6.1 年。受雇于他人或单位的人群受教育年限最高,平均为 12.9 年,其平均年龄为 39.9 周岁,低于其他就业方式的人群。

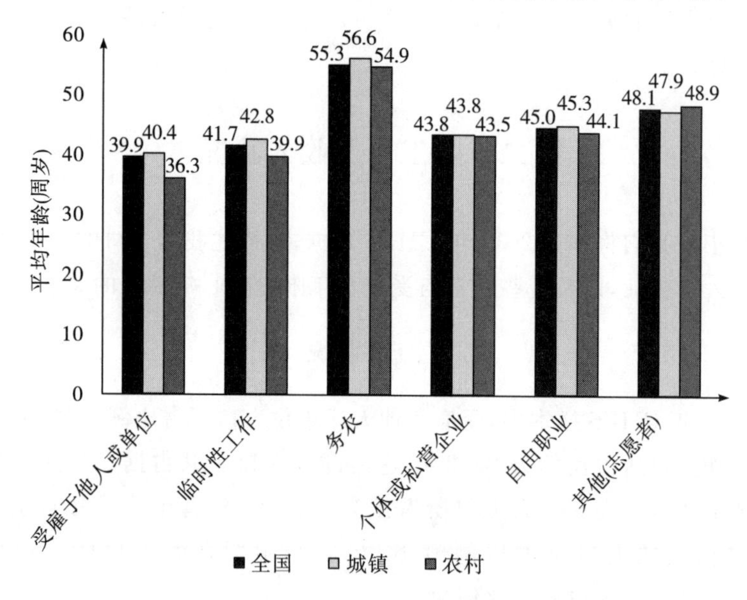

图 2-7　年龄与就业方式

表 2-10 展示了受雇于他人或单位人群的具体职业属性以及城乡分布。通过对比发现:城镇中占比最高的职业性质为办事人员和有关人员为 31.0%,而该比例在农村中仅为 13.4%;城镇中的专业技术人员比例也高于农村,分别为 26.5%和 18.9%;农村中占比最高的为生产制造及有关人

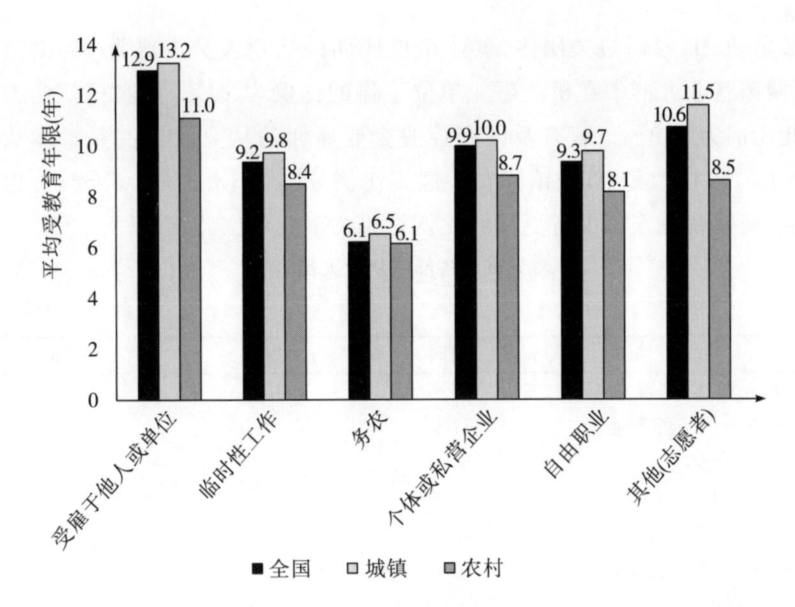

图 2-8　受教育年限与就业方式

员，为 36.8%，而该比例在城镇中仅为 14.2%。此外，社会生产服务和生活服务人员的总体占比为 23.0%，其中，城镇和农村的差异不大，分别为 22.6%和 24.6%。由此可见，由于农村地区目前的受教育水平整体低于城镇地区，农村地区有更高比例的人群从事生产制造等低附加值的工作，而城镇地区则有更高比例的人群从事公共管理、行政事务、专业技术等对文化水平有一定要求的工作。

表 2-10　雇佣人群职业性质的分布

（单位：%）

	全国	城镇	农村
国家机关、党群组织、企事业单位负责人	4.1	4.6	2.6
专业技术人员	24.8	26.5	18.9
办事人员和有关人员	27.1	31.0	13.4
社会生产服务和生活服务人员	23.0	22.6	24.6
农林牧渔业生产及辅助人员	1.3	0.8	3.3
生产制造及有关人员	19.2	14.2	36.8
军人	0.3	0.3	0.4
合计	100	100	100

从我国就业人员所在的单位属性来看，个体工商户和私营企业吸收了大部分就业人群。如表 2-11 所示，个体工商户和私营企业雇佣的从业人员一共占到整体从业人员的 66.7%，其中，城镇和农村的比例分别为

62.6%和81.7%;机关团体、事业单位雇佣的从业人员占比为16.6%,其中,城镇就业人群中在机关事业单位工作的比例为19%,而农村就业人群中此比例为7.9%。国有及国有控股企业雇佣的从业人员占到整体从业人员的11.4%,其中,城镇和农村这一比例分别为13.0%和5.5%。也就是说,城镇就业人群中有更高的比例在机关事业单位、国企里面工作。

表 2-11 各部门从业人员分布

(单位:%)

	全国	城镇	农村
机关团体、事业单位	16.6	19.0	7.9
国有及国有控股企业	11.4	13.0	5.5
集体企业	2.3	2.4	1.9
个体工商户	31.9	30.3	37.7
私营企业	34.8	32.3	44.0
外商、港澳台投资企业	1.7	1.9	0.9
其他类型单位	1.3	1.1	2.2
合计	100	100	100

CHFS进一步分析了受教育年限对就业人群的职业性质、单位属性的影响。如图2-9所示,成为国家机关、党群组织、事业单位负责人所需要的受教育年限最高,平均需要14.0年,其中,城镇和农村分别为14.4年和11.8年。其次为军人,所需要的受教育年限平均为13.6年,其中,城镇和农村分别为14.3年和11.9年。要求最低的是农林牧渔业生产及辅助人员,所需要的受教育年限平均为8.1年。

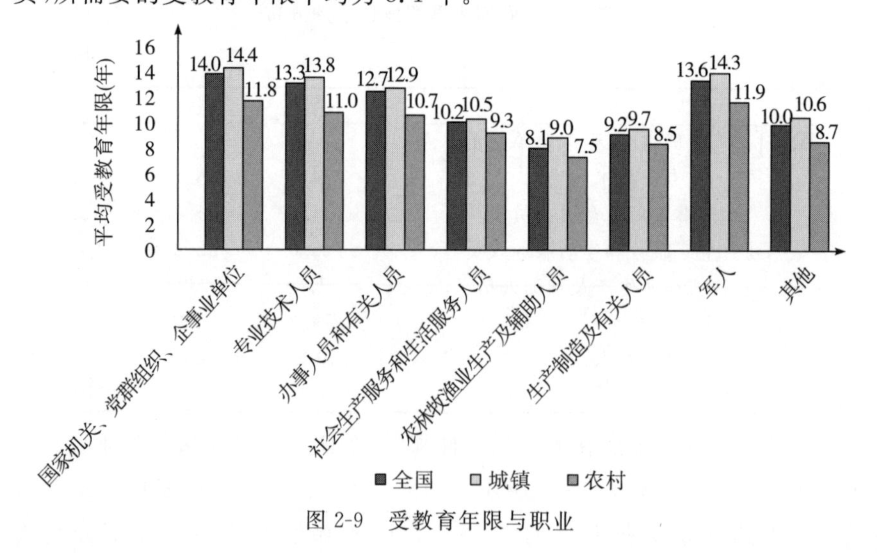

图 2-9 受教育年限与职业

图 2-10 显示了就业人群在不同性质的单位中受教育程度的分布情况。机关团体、事业单位和外商、港澳台投资企业的从业人员的平均受教育年限最长，分别为 13.8 年和 13.3 年；其次是国有及国有控股企业，其从业人员的平均受教育年限为 13.0 年。个体工商户雇佣的从业人员平均受教育年限最低，为 9.6 年。

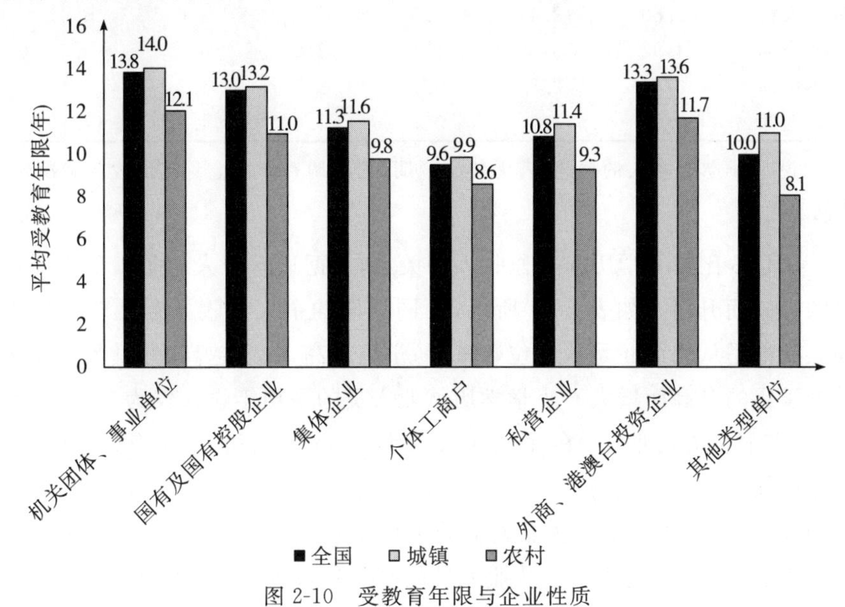

图 2-10　受教育年限与企业性质

二、工作收入

CHFS 在调查中询问了受访者在上一年度的收入情况。如表 2-12 所示，全国就业人员 2016 年工作年收入的均值和中位数分别为 4.18 万元和 3.1 万元。其中，城乡差距和东中西部地区差异都很显著，城镇高于农村，东部高于中西部。城镇就业人员工作收入的均值和中位数分别为 4.60 万元和 3.5 万元，农村分别为 2.89 万元和 2.4 万元。东中西部地区之间，东部地区就业人员的收入均值和中位数最高，分别为 4.92 万元和 3.6 万元；其次是西部地区，均值和中位数分别为 3.75 万元和 3.0 万元；中部地区的均值和中位数分别为 3.45 万元和 2.8 万元。

表 2-12　就业从业工作收入

(单位:万元)

	均值	中位数	p10	p25	p75	p90
全国	4.18	3.1	0.8	1.8	5.0	8.0
城镇	4.60	3.5	1.0	2.0	5.5	8.7
农村	2.89	2.4	0.6	1.3	3.6	5.4
东部	4.92	3.6	1.1	2.2	6.0	9.6
中部	3.45	2.8	0.7	1.5	4.2	6.4
西部	3.75	3.0	0.7	1.6	4.8	7.2

(说明:凡涉及收入的概念,若无特别说明,均指调查年份上一年的收入状况,下文同。)

CHFS 比较了学历与工作收入的关系,数据显示个人年收入随着受教育的提高而升高。如表 2-13 所示,不同学历的个人年收入存在较大的差异。无论是从均值还是从中位数来看,学历越高,收入越高,并且收入差距随着学历的升高而增大。小学学历就业人员的平均年收入仅为 2.5 万元,初中、高中学历就业人员的平均年收入为 3.06 万元和 3.74 万元;大学本科学历就业人员的平均年收入为 6.99 万元,是没上过学的就业人员年收入的 3 倍之多;硕士学历从业人员的平均年收入为 11.77 万元,高出本科学历人群 68.5%;博士学历从业人员的平均年收入最高,达到了 13.70 万元,几乎是本科学历从业人员年收入的 2 倍。

表 2-13　学历与工作收入

(单位:万元)

	均值	中位数
没上过学	2.23	1.5
小学	2.50	2.0
初中	3.06	2.5
高中	3.74	3.0
中专/职高	4.13	3.5
大专/高职	5.17	4.2
大学本科	6.99	5.4
硕士研究生	11.77	8.2
博士研究生	13.70	11.5

如表 2-14 所示,不同的年龄段的从业人员收入也有明显的差异。工作年收入最高的年龄段是 30～39 周岁,其均值为 5.07 万元,中位数为 3.6 万元;其次是 40～49 周岁的从业人员,其工作年收入的均值为 4.44 万元,

中位数为 3.3 万元;再次是 50～59 周岁与 30 周岁以下的从业人员,其工作年收入的均值分别为 3.83 万元和 3.72 万元;60 周岁及以上的工作年收入最低,其均值仅为 2.36 万元,中位数为 1.8 万元。

表 2-14 年龄与工作收入

(单位:万元)

	均值	中位数
30 周岁以下	3.72	3.0
30～39 周岁	5.07	3.6
40～49 周岁	4.44	3.3
50～59 周岁	3.83	3.0
60 周岁及以上	2.36	1.8

图 2-11 展示了不同年龄段的男性与女性的收入变化趋势。无论从总体上看还是分别从男性和女性上看,随着年龄的增加,年收入呈现先上升后下降的趋势。从总体上看,24～34 周岁,年收入一直呈上升状态,34～39 周岁,年收入变化幅度很小,而从 40 周岁开始,年收入出现了下降的趋势,一直延续到退休之后。其中,男性的年收入拐点在 35～39 周岁,而女性的年收入拐点在 30～34 周岁。同时,男性的平均年收入在各个年龄段都高于女性。这说明即使我国女性与男性在教育领域已经逐渐实现了性别平等,但在劳动力市场中,女性与男性的待遇相比仍然存在差距。

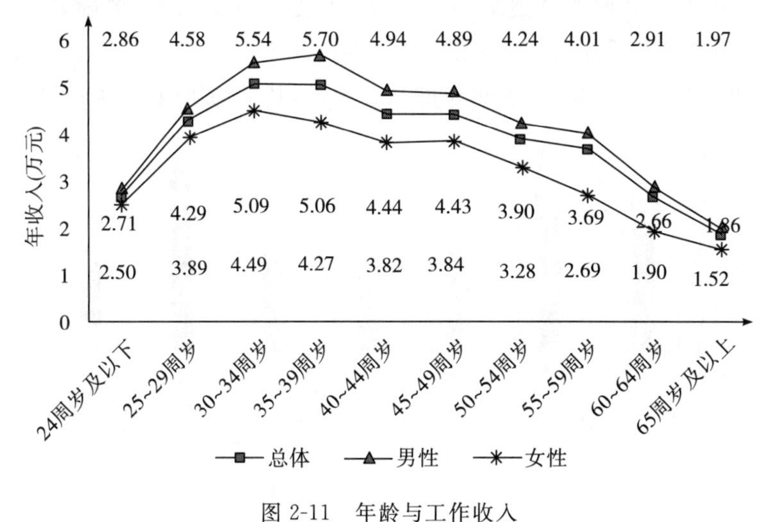

图 2-11 年龄与工作收入

如图 2-12 所示,不同职业的从业人员收入存在一定的差异。首先,平均收入最高的是国家机关、党群组织、企事业单位负责人,其平均年收入为

7.33 万元,中位数为 5.2 万元;其次是军人,其平均年收入为 6.25 万元,中位数为 6.0 万元;再次是专业技术人员、办事人员和有关人员,以及生产制造及有关人员;最后,年收入相对最低的是农林牧渔业生产及辅助人员,其平均年收入为 2.47 万元,中位数为 2.1 万元。

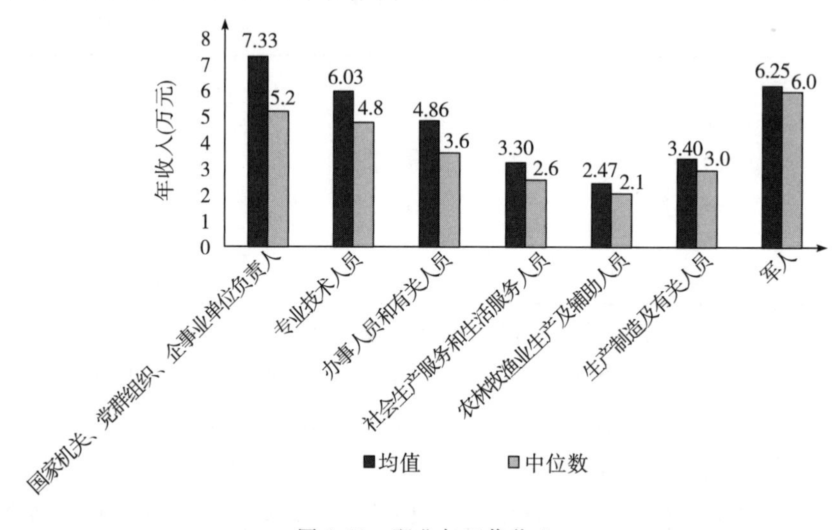

图 2-12　职业与工作收入

如图 2-13 所示,单位性质不同,从业人员的收入也存在相当大的差距。其中,收入最高的是外商、港澳台投资企业的员工,即我们一般理解的外企白领,平均年收入高达 7.74 万元,中位数为 5.3 万元;紧随其后的是国有及国有控股企业的从业人员,平均年收入为 5.69 万元,中位数为 4.3 万元;再次为机关团体、事业单位的从业人员,其平均年收入为 5.21 万元,

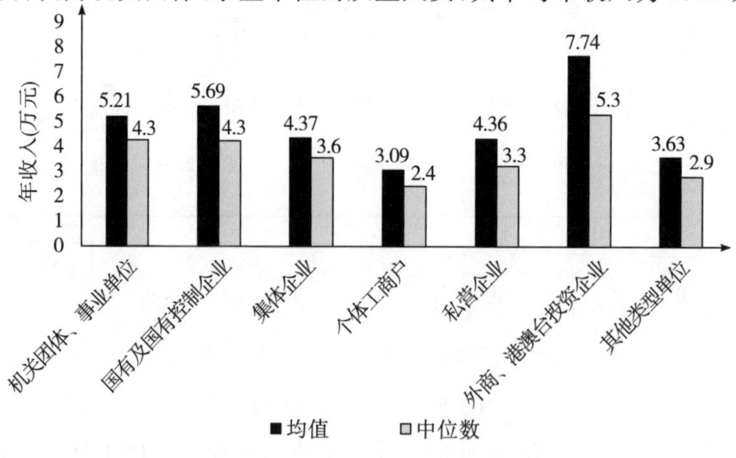

图 2-13　企业性质与工作收入

中位数为 4.3 万元。而私营企业和集体企业的从业人员，平均年收入分别为 4.36 万元和 4.37 万元，其中位数分别为 3.3 万元和 3.6 万元。收入最低的是个体工商户的雇佣员工，其平均年收入为 3.09 万元，中位数为 2.4 万元，比外企员工的收入一半还要低。

第三节　本章小结

本章基于 2017 年 CHFS 数据，分析了我国近年来人口结构的变迁、婚姻状况、受教育水平、工作收入等情况。本章要点总结如下：

第一，我国人口性别比呈现出城乡二元结构，城镇中的男女性别比为 99.0∶100，而农村中该比例高达 108.6∶100；同时，我国少儿人口的性别比高于劳动年龄人口及老年人口，会加剧我国未来的性别失衡现象。

第二，随着医疗水平的进步和生活条件的提高，我国人均寿命延长，老年人口比重持续上升，老年人口抚养比已于近年赶超少儿人口抚养比。我国目前的人口结构呈现出劳动年龄人口比重下降、人口老龄化加剧、总抚养比提高的趋势，并且我们认为这种趋势已不可逆转。改革开放初期由劳动年龄人口基数大带来的人口红利已经日渐式微，笔者建议应从全面提升劳动人口质量、促进老年人口消费等方面入手，发掘我国第二次人口红利的机会窗口。

第三，我国人口素质整体不断提升，在 16～35 周岁人群中，有 21.3% 的比例拥有大学本科学历，中西部地区接受高等教育的比例也在上升。但是受教育水平的城乡差异显著，除了农村地区的整体受教育水平要低于城镇外，农村人口高学历的比例也偏低：城镇人口中获得大学本科及以上学历的比例为 13.3%，农村地区仅为 3.1%。

第四，我国农村地区“剩男”比例高，城镇地区“剩女”比例高。在 30～35周岁的人群中，农村未婚男性的比例高达 21.1%。此外，在高学历人群中，女性的未婚比例要高于男性。笔者认为随着女性经济地位和社会地位的提高，照顾家庭和养育子女的责任使高学历女性进入婚姻的机会成本增高，因此，婚姻对她们的吸引力降低。

第五，个人年收入随着受教育的提高而升高，博士学历从业人员的平均年收入最高，几乎是本科学历从业人员年收入的 2 倍。但从性别来看，男性在各个年龄段的收入均高于女性，说明我国女性与男性受教育水平的日趋平等并没有完全反映在职场中。

第六,我国个体工商户、私营企业吸收了66.7%的从业人员,但这部分人群的受教育年限相对较低,工作收入相比于其他单位性质的从业人员也偏低。笔者建议我国应进一步扶持这些小微企业的发展,并为其职工素质和待遇的提升提供有效途径。

第三章　家庭生产经营项目

为全面细致地刻画我国家庭的资产、收入特征，中国家庭金融调查项目组在2017年的住户调查问卷中询问了家庭从事生产经营的情况，并且区分了农业生产经营及工商业生产经营。本章将利用中国家庭金融调查(CHFS)2017年调查数据，描述我国家庭在从事农业生产经营、工商业生产经营的参与情况、经营范围、参与动因、经营收益等特征。

第一节　农业生产经营项目

一、参与情况

CHFS调查了家庭农业生产经营参与的情况[①]。如表3-1所示，在2017年调查的全国样本中，30.4%的家庭从事农业生产经营。分城乡看，城镇有12.7%的家庭从事农业生产，农村74.9%的家庭从事农业生产[②]。分地区看，东部地区从事农业生产的家庭明显少于中西部地区，占比为23.41%；中部地区和西部地区家庭从事农业生产的比例较接近，分别为34.7%和37.4%。

表3-1　家庭农业生产经营参与情况

(单位：%)

	参与比例
全国	30.4
城镇	12.7
农村	74.9
东部	23.4
中部	34.7
西部	37.4

①农业生产经营包括农、林、牧、渔，但不包括受雇于他人的农业生产经营。

②下文将从事农业生产经营项目的家庭简称为“农业家庭”，其余家庭简称“非农业家庭”。

二、从事农业生产经营家庭的特征

CHFS 分析了户主年龄与家庭农业生产经营参与率的关系。如图 3-1 所示,户主为 46～60 周岁的家庭农业经营的参与率最高,为 35.8%;而户主为 16～30 周岁的家庭农业经营的参与率最低,仅为 11.8%。此外,户主为 31～45 周岁和 61 周岁以上家庭的农业经营参与率分别为 24.6%和 30.6%。总体上看,45 周岁以上的年长户主家庭更有可能参与农业生产经营。

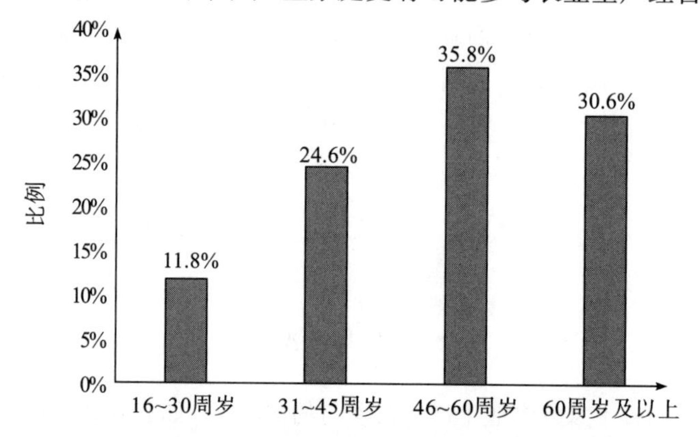

图 3-1　户主年龄与家庭农业生产经营参与率

CHFS 同时分析了户主学历与家庭农业生产经营参与率的情况。如图 3-2 所示,小学文化的户主家庭农业经营的参与率最高,达到了49.1%;其次为没上过学的户主家庭,参与率为 45.9%;初中文化的户主家庭农业生产经营参与相比前两组有所下降,为 34.2%,此后随着户主学历提高,家庭农业生产经营参与率不断下降,进一步表明农业生产经营家庭的文化

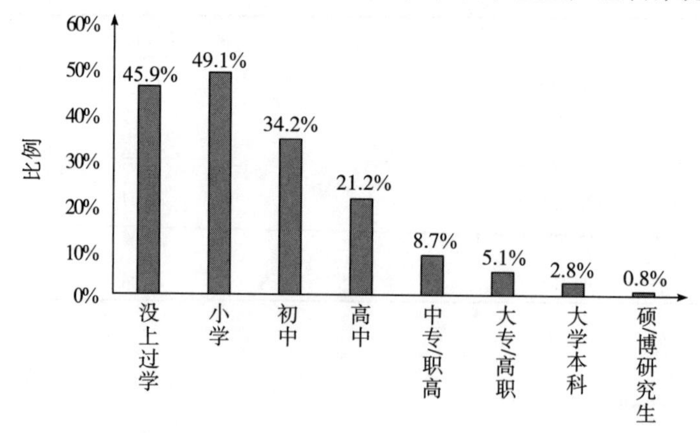

图 3-2　户主学历与家庭农业生产经营参与率

程度相对较低。

如表 3-2 所示,农业家庭的总资产和资产净值的均值分别为 424916 元和 385503 元,大约只有非农业家庭的 1/3。非农业家庭的总收入平均为 100530 元,几乎是农业家庭的 2 倍。可见,农业家庭的经济状况相对较差,非农业家庭相对富裕。此外,务农的工作相对来说非常辛苦,对于年轻一代吸引力低,这在一定程度上解释了我国务农劳动力越来越少、农村劳动力大量外流的现象。

表 3-2 家庭经济特征

(单位:元)

	总资产		总财富		总收入	
	均值	中位数	均值	中位数	均值	中位数
农业家庭	424916	182050	385503	158561	51761	28026
非农业家庭	1229878	523814	1159736	489612	100530	63335

三、生产经营范围

从农业生产经营范围上看,在从事农业生产的家庭中,绝大部分家庭种植粮食作物。如表 3-3 所示,全国有 84.5%的家庭从事粮食作物生产,47.5%的家庭从事经济作物生产。此外,26.2%的家庭从事畜牧业生产,6.0%的家庭从事林木种植和采运,1.9%的家庭从事渔业生产,0.4%的家庭从事其他农业生产经营。

分地区来看,中部地区农业大省较多,从事粮食作物生产的家庭占比高达 90.0%;而西部地区草原、森林面积大,从事畜禽饲养的家庭的比例较高,达到了 44.7%。

表 3-3 农业生产经营范围

	全国	城镇	农村	东部	中部	西部
种植粮食作物	84.5%	80.6%	86.1%	75.1%	90.0%	88.3%
种植经济作物	47.5%	42.0%	49.7%	47.1%	43.3%	52.8%
林木种植和采运	6.0%	4.3%	6.7%	6.9%	3.5%	7.9%
畜禽饲养	26.2%	19.4%	29.0%	12.3%	23.3%	44.7%
水产养殖和捕捞	1.9%	2.1%	1.8%	1.5%	2.3%	1.9%
其他	0.4%	0.5%	0.3%	0.3%	0.3%	0.5%

(说明:多选题,样本控制在有农业生产经营的家庭中。)

四、劳动力投入

1. 自我雇佣

对于农业家庭而言,农业生产劳动力来自自我雇佣(家庭成员参与农业生产)和雇佣他人两部分。如表 3-4 所示,总体而言,全国农业家庭农忙季节自我雇佣人数平均为 1.9 人,非农忙季节自我雇佣人数为 1.7 人。非农忙季节自我雇佣人数占家庭总就业人口的比例为 71.3%,且城乡及区域差异均不大,说明农业家庭劳动力参与农业生产经营比例普遍较高,农业生产经营仍然是解决就业的重要渠道。

从家庭成员参与农业生产时间的长度看,全国农业家庭成员平均全年有 57.6 天农忙,其中,城镇家庭为 45.8 天,农村家庭为 62.1 天。分地区来看,西部地区家庭成员平均农忙天数最长,为 67.0 天;东部地区最短,为 51.4 天;而中部地区为 55.1 天。

表 3-4 农业生产自我雇佣情况

	农忙季节自我雇佣人数(人)	非农忙季节自我雇佣人数(人)	农忙天数(天)	非农忙季节自我雇佣人数占家庭就业人口的比例(%)
全国	1.9	1.7	57.6	71.3
城镇	1.9	1.6	45.8	70.7
农村	2.0	1.7	62.1	71.4
东部	1.9	1.6	51.4	71.6
中部	1.9	1.6	55.1	69.9
西部	2.0	1.8	67.0	72.3

(说明:样本控制在有农业生产经营的家庭中。)

2. 雇佣他人

CHFS 调查了农业生产雇佣劳动力情况。如表 3-5 所示,全国范围内 12.5%的农业家庭雇佣他人从事农业生产经营活动。城镇地区雇佣比例为 11.3%,比农村低 1.6%。分地区看,西部地区和中部地区雇佣额外劳动力的比例较低,分别为 10.1%和 12.9%;东部地区雇佣比例最高,为 14.2%。

从雇佣人数来看,全国农业生产经营平均长期雇佣人数为 7.4 人,中位数为 3 人。具体看,农村平均长期雇佣 8.5 人,城镇为 6.0 人。分地区看,中部地区家庭的平均长期雇佣人数最高,为 10.6 人;西部地区家庭的平均长期雇佣人数最低,为 5.0 人;其中各地区长期雇佣人数的中位数相同,均为 3 人。

表 3-5 农业生产雇佣劳动力情况

	有雇佣劳动力的家庭占比(%)	长期雇佣人数(人)		短期雇佣人数(人)	
		均值	中位数	均值	中位数
全国	12.5	7.4	3	8.7	4
城镇	11.3	6.0	3	7.0	3
农村	12.9	8.5	2	9.3	4
东部	14.2	6.1	3	5.9	3
中部	12.9	10.6	3	11.3	5
西部	10.1	5.0	3	8.9	4

(说明:控制在有农业生产经营的家庭;雇佣人数为条件值。)

五、生产工具①

如表 3-6 所示,全国范围使用农业机械的家庭占比为 35.5%,其中,城镇家庭使用农业机械的占比为 26.8%,农村家庭为 39.1%。

从农业机械的价值来看,全国有农业生产经营的家庭农业机械的价值平均水平为 7996 元,中位数为 2600 元;城镇家庭农业机械价值的均值为 8392 元,略高于农村,而中位数为 2400 元,略低于农村。地区之间,中部地区农业家庭的农业机械价值均值和中位数最高,分别为 11038 元和 3000元。

表 3-6 农业生产工具使用情况

	使用农业机械的家庭占比(%)	农业机械价值(元)均值	农业机械价值(元)中位数
全国	35.5	7996	2600
城镇	26.8	8392	2400
农村	39.1	7884	2800
东部	30.5	6957	2000
中部	37.8	11038	3000
西部	38.3	5369	2500

(说明:控制在有农业生产经营的家庭;农业机械价值为条件值。)

①本书将农业生产工具界定为农业机械,包括抽水机、脱粒机、动力播种机、收割机、畜牧业机械、渔业机械、林业机械等。

六、生产补贴和技术指导

如表 3-7 所示，在被调查的从事农业生产的家庭中，2017 年有 67.0% 的家庭获得了农业生产补贴，补贴金额的均值为 916 元，中位数为 400 元。农村和城镇获得补贴家庭的比例分别为 68.3% 和 63.7%，农村获得的补贴金额的中位数要高于城镇，依次为 400 元和 350 元。分地区看，东部地区获得补贴的家庭占比为 61.3%，补贴金额的中位数为 352 元；中部地区的补贴比例最高，为 79.4%，补贴金额的中位数为 490 元；而经济较为落后的西部地区，获得补贴的家庭比例为 58.4%，补贴金额的中位数为 320 元。无论是获得补贴的家庭比例，还是获得补贴的金额，西部地区均低于东部地区和中部地区，这说明我国农业生产补贴的力度要向西部农业家庭进一步倾斜。

表 3-7　农业生产补贴情况

（单位：元）

	获得农业补贴的家庭占比	补贴额（均值）	补贴额（中位数）
全国	67.0%	916	400
城镇	63.7%	944	350
农村	68.3%	906	400
东部	61.3%	996	352
中部	79.4%	1078	490
西部	58.4%	566	320

（说明：控制在有农业生产经营的家庭，补贴金额为条件值。）

农村家庭获得补贴的类型主要为货币补贴和实物补贴，或者两者都有。如表 3-8 所示，98.5%的农村家庭获得的补贴为货币补贴，只有 0.9%的家庭仅获得了实物补贴，同时有 0.6%的家庭获得的补贴既有货币又有实物。

表 3-8　农业生产补贴类型分布

（单位：%）

	货币补贴	实物补贴	两者都有
全国	98.5	0.9	0.6
城镇	98.6	0.8	0.5
农村	98.4	0.9	0.7

（说明：控制在有农业生产补贴的家庭。）

在获得农业技术指导方面，如表3-9所示，2017年全国只有10.6%的家庭获得了农业技术指导。其中，城镇家庭比农村家庭获得技术指导的比重要低3.7%。从区域来看，东部地区获得农业技术指导的比例略高于中部地区和西部地区。

表3-9　农业生产技术指导占比

（单位：%）

	获得农业生产指导的家庭占比
全国	10.6
城镇	8.0
农村	11.7
东部	11.6
中部	10.2
西部	10.1

（说明：控制在有农业生产经营的家庭。）

第二节　工商业生产经营项目

一、参与情况

除了农业经营情况外，CHFS于2017年还询问了家庭工商业经营项目拥有情况。如表3-10所示，在被调查的家庭中，有15.8%的家庭拥有工商业经营项目。分城乡来看，工商业经营项目拥有比例差异较大，城镇为18.0%，农村仅为10.1%。分地区看，工商业经营项目拥有比例在15.1%至16.2%之间波动，东部地区和西部地区差异不明显。

表3-10　家庭工商业经营项目

（单位：%）

	从事工商业经营的家庭占比
全国	15.8
城镇	18.0
农村	10.1
东部	15.8
中部	16.2
西部	15.1

CHFS进一步分析了家庭参与工商业经营项目的动因。如表3-11所示，在全国被调查的家庭中，28.7%的家庭参与工商业经营的主要动因是

"更灵活/自由";27.0%的家庭是因为"从事工商业能挣得更多";22.1%的家庭是因为"找不到其他工作机会",可以理解为被动创业;另有11.9%的家庭是因为"理想爱好/自己想当老板"。城镇家庭参与工商业经营的动因分布与全国的分布趋势基本一致,首要原因为"更灵活/自由";而农村家庭参与工商业经营的首要动因为"能挣得更多",占比 33.4%;其次为"更灵活/自由",比例为 25.7%。

表 3-11 家庭参与工商业经营项目的动因分布

(单位:%)

	全国	城镇	农村
找不到其他工作机会	22.1	22.5	20.7
从事工商业能挣得更多	27.0	25.5	33.4
理想爱好/自己当老板	11.9	12.4	9.7
更灵活/自由	28.7	29.4	25.7
继承家业	2.5	2.5	2.8
社会责任/解决就业	3.6	3.7	3.0

二、从事工商业生产经营家庭的特征

CHFS 考察了从事工商业经营的家庭的户主特征。如图 3-3 所示,年富力强又具有创新精神的青壮年的家庭从事工商业的比例较高。户主年龄为 26～35 周岁、36～45 周岁以及 46～55 周岁的家庭工商业参与率分别为 25.7%、26.0%和 20.4%。而户主为 16～25 周岁的家庭工商业参与率仅为 18.2%,户主年龄在 56 周岁及以上的家庭工商业参与率更是降到了 7.8%。

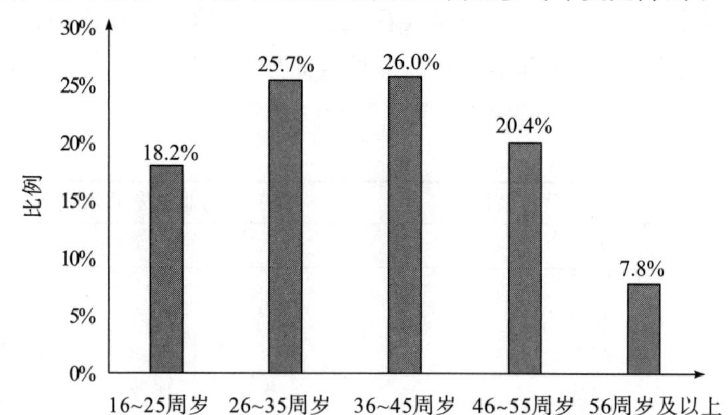

图 3-3 户主年龄与家庭工商业生产经营参与率

在户主学历与家庭工商业生产经营参与率的关系方面,CHFS 发现家庭的工商业参与比例随户主学历的增加,呈现倒U型分布。如图3-4所示,户主为高中学历的家庭工商业参与率最高,达到了19.8%;户主学历为初中的家庭,参与率达到了19.1%;户主为中专和大专学历的家庭,参与率分别为17.8%和17.6%;户主学历为大学本科和研究生学历的家庭工商业参与率分别为13.4%和7.7%;户主没有上过学的家庭工商业参与率最低,为6.5%。

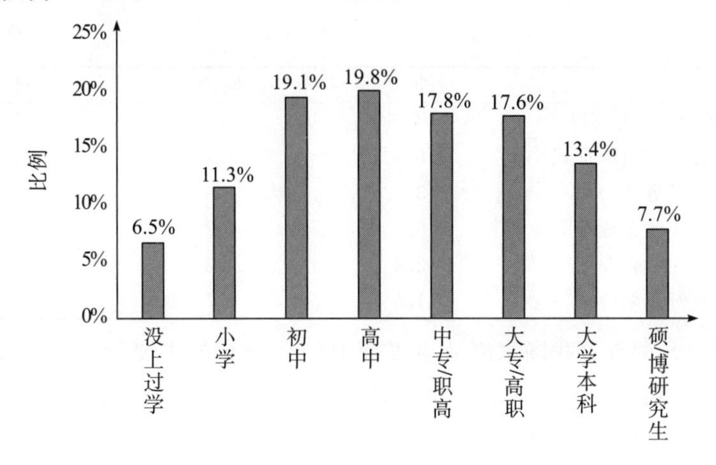

图3-4　户主学历与家庭工商业生产经营参与率

三、工商业经营特征

1.经营年限

从家庭经营工商业的年限来看,大部分家庭的经营年限在10年以下。如表3-12所示,我国家庭从事工商业经营年限在5年及以下的占比为40.2%,年限为6～10年的占比为21.5%,经营11～20年的占比为25.9%,经营21年及以上的占比为12.4%。

表3-12　工商业生产经营年限分布

经营年限	比例(%)
5年及以下	40.2
6～10年	21.5
11～20年	25.9
21年及以上	12.4

2.组织形式

如表3-13所示,从全国来看,绝大多数家庭的工商业经营组织形式为个体户,占比为79.6%;8.7%的家庭经营的工商业没有正规组织形式;此外，还有少部分家庭的工商业经营组织形式为有限责任公司、合伙企业、独资企业和股份有限公司，比例分别为3.9%、3.8 %、2.4%和1.6%。农村地区没有正规组织形式的工商业经营比例高于城镇地区，为13.2%，这有可能导致这些工商业经营管理得比较松散，难以享受国家扶持小微企业发展的一系列优惠政策。

表3-13　工商业生产经营组织形式

（单位：%）

	全国	城镇	农村
个体户/工商户	79.6	79.5	79.7
没有正规组织形式	8.7	7.7	13.2
有限责任公司	3.9	4.6	0.7
合伙企业	3.8	4.2	1.9
独资企业	2.4	2.2	3.3
股份有限公司	1.6	1.7	1.2

CHFS调查了我国家庭从事工商业经营分布的主要行业。如表3-14所示，批发和零售业在工商业生产经营行业中占比最高，为43.6%，城镇和农村该比例分别为42.7%和47.7%。其次为住宿和餐饮业，在工商业生产经营的行业中占比为12.2%。居民服务和其他服务业紧随其后，比例为10.3%。城镇家庭中从事服务业的比例要高于农村地区，依次为10.9%和7.4%。农村家庭从事制造业、交通运输、仓储及邮政业的比例，要高于城镇地区。此外，在信息软件、租赁和商务服务业对经营者专业水平要求较高的行业，城镇家庭的经营比例要高于农村家庭。

表3-14　工商业生产经营行业分布

（单位：%）

行业	全国	城镇	农村
批发和零售业	43.6	42.7	47.7
住宿和餐饮业	12.2	12.7	9.9
居民服务和其他服务业	10.3	10.9	7.4
制造业	7.6	7.0	10.4
交通运输、仓储及邮政业	7.1	6.7	9.2
建筑业	5.9	6.1	4.9
文化、体育和娱乐业	2.3	2.8	0.3
卫生、社会保障和社会福利业	1.8	1.7	2.7
信息传输、计算机服务和软件业	1.5	1.7	0.5
租赁和商务服务业	1.3	1.5	0.4

四、劳动力投入

1. 家庭成员参与情况

如表3-15所示，不管是全国总体还是分地区看，家庭成员积极参与项目日常管理的家庭占比都超过了97%，且每周的参与时间超过6天，说明家庭成员的参与积极性和参与程度普遍较高。

表3-15　家庭成员工商业生产经营参与情况

	积极参与比例(%)	参与时间(天/周)
全国	97.8	6.4
城镇	97.8	6.4
农村	97.6	6.3
东部	97.9	6.3
中部	97.3	6.5
西部	98.4	6.3

2. 劳动力雇佣

CHFS调查了工商业生产经营的劳动力雇佣情况，如表3-16所示，全国30.5%的工商业家庭存在雇佣他人劳动，雇佣人数的中位数为4人。分城乡看，城镇的雇佣比例高出农村约11%，分别为32.5%和21.5%；农村的雇佣人数的中位数与城镇相同，均为4人。分地区看，东部地区的雇佣比例高于中西部地区，东部地区有37.0%的工商业生产经营家庭雇佣了他人劳动，此比例在中部地区和西部地区分别为24.4%和27.0%。

表3-16　工商业生产经营家庭的劳动力雇佣情况

	有雇佣的家庭占比(%)	雇佣人数(人)均值	雇佣人数(人)中位数
全国	30.5	8.9	4
城镇	32.5	9.0	4
农村	21.5	7.9	4
东部	37.0	8.9	4
中部	24.4	9.1	3.6
西部	27.0	8.7	4

表3-17展示了工商业生产经营家庭雇佣人数的分布情况。如表3-17所示，大多数工商业经营的雇佣人数在5人及以下，占比65.4%，雇佣人数

为6～10人的家庭占比约为17.25%，雇佣人数为11～20人的只有9.49%，雇佣人数为21～50人的有5.62%，而雇佣人数为51人及以上的家庭占2.24%。也就是说，我国有八成以上的工商业生产经营家庭雇佣人数在10人以下，为小规模经营。

表3-17 工商业生产经营家庭雇佣人数分布

人数	比例(%)
5人及以下	65.4
6～10人	17.25
11～20人	9.49
21～50人	5.62
51人及以上	2.24

五、经营规模

本书从初始投资额度和工商业经营资产来考察工商业的经营规模。如表3-18所示，工商业的初始投资额度的均值为18.6万元，中位数为4.0万元。而资产均值为39.3万元，中位数为10.0万元。分城乡来看，城镇的初始投资额度的中位数为4.6万元，资产中位数为7.5万元；农村初始投资额度的中位数为3.0万元，资产中位数为4.7万元，均低于城镇。分地区来看，东部地区的初始投资额度的中位数为5.0万元，资产中位数为9.0万元，均高于中西部地区。

表3-18 工商业生产经营规模

(单位:万元)

	初始投资额度		工商业资产	
	均值	中位数	均值	中位数
全国	18.6	4.0	39.3	6.3
城镇	19.1	4.6	41.6	7.5
农村	16.5	3.0	29.1	4.7
东部	24.9	5.0	54.5	9.0
中部	13.8	3.0	30.5	5.5
西部	13.5	3.6	23.5	5.3

六、经营效益

从工商业生产经营的毛收入来看，如表 3-19 所示，全国工商业生产经营的毛收入均值为 43.9 万元，中位数为 7.0 万元。城镇的工商业生产经营毛收入均值为 48.1 万元，中位数为 8.0 万元；农村家庭的工商业生产经营毛收入的均值为 25.5 万元，中位数为 5.0 万元。分地区看，东部地区工商业生产经营毛收入的均值和中位数最高，分别为 62.6 万元和 10.0 万元。

表 3-19　工商业生产经营毛收入

（单位：万元）

	均值	中位数
全国	43.9	7.0
城镇	48.1	8.0
农村	25.5	5.0
东部	62.6	10.0
中部	27.3	6.0
西部	32.4	5.0

CHFS 进一步分析了我国家庭工商业生产经营的盈亏情况。如表 3-20所示，从全国来看，工商业生产经营的盈利家庭占比为 73.4%，亏损家庭占比为 8.0%，持平家庭占比为 18.6%。城镇中，工商业生产经营的盈利家庭占比为 72.2%，亏损家庭占比为 8.3%，持平家庭占比为 19.5%；农村中，工商业生产经营的盈利家庭占比为 78.4%，亏损家庭占比为 6.9%，持平家庭占比为 14.6%；农村的盈利家庭占比高于城镇家庭。分地区看，东部工商业生产经营的盈利家庭占比最高，为 74.4%；中部盈利家庭占比为 74.0%；西部盈利家庭占比最低，为 70.6%。

表 3-20　工商业生产经营盈亏分布

	盈利家庭占比	亏损家庭占比	持平家庭占比
全国	73.4%	8.0%	18.6%
城镇	72.2%	8.3%	19.5%
农村	78.4%	6.9%	14.6%
东部	74.4%	7.4%	18.2%
中部	74.0%	8.4%	17.6%
西部	70.6%	8.6%	20.8%

表 3-21 展示了我国家庭工商业生产经营的净利润情况。如表 3-21 所

示,从全国来看,工商业生产经营的净利润均值为14.6万元,中位数为5.0万元。城镇家庭的工商业生产经营净利润均值为14.9万元,中位数为5.0万元;农村的工商业生产经营净利润均值为13.2万元,中位数为3.0万元。分地区看,东部工商业生产经营净利润的均值和中位数最高,分别为20.9万元和5.8万元。

表3-21　工商业生产经营净利润

(单位:万元)

	均值	中位数
全国	14.6	5.0
城镇	14.9	5.0
农村	13.2	3.0
东部	20.9	5.8
中部	9.0	4.0
西部	10.4	4.0

第三节　本章小结

本章基于2017年CHFS数据,分析了我国从事农业生产经营及工商业生产经营的家庭特征、劳动力投入、经营效益等情况。本章要点总结如下:

第一,我国从事农业生产经营的家庭户主年龄集中在45周岁以上,且文化程度相对较低。同时,从事农业生产经营项目的家庭,平均年收入仅为非农业家庭的一半。务农工作辛苦且收入低,在世俗的眼光中不体面,因此,目前农村地区有大量年轻人口选择进城打工,出现了大量老人与儿童留守的现象。

第二,我国西部地区从事农业生产经营的家庭获得农业补贴的比例要低于东部地区和中部地区,获得的补贴金额也低于中东部地区。因此,我们建议国家的农业补贴政策向西部地区进一步倾斜。

第三,我国有15.8%的家庭拥有工商业经营项目,其中,有将近八成家庭的工商业经营组织形式为个体户。城镇家庭参与工商业经营的首要动因为“更灵活/自由”;而农村家庭参与工商业经营的首要动因为“能挣得更多”。批发零售、住宿餐饮和居民服务业是家庭从事工商业生产经营的主要行业。

第四，在调查年度，从事工商业生产经营的家庭盈利比例为73.4%，亏损比例为8.0%。相较于中西部地区，东部家庭从事工商业生产经营的规模、盈利比例、经营利润都更高。

第四章　家庭房产

唯有安居才能乐业，唯有安居方可安民。住房问题自古以来是民生的重大问题，关系千家万户的基本生活保障，长期以来都是社会的热点话题。

从1998年我国开启住房分配货币化改革，提出“建立和完善以经济适用住房为主的多层次城镇住房供应体系”以来，商品房成为城镇住房供给主力。随着我国城镇化进入后半程，人口向大城镇、都市圈以及城镇群流动和聚集趋势凸显，房价迅速上涨，城镇住房问题呈现新的特点，大城镇中等收入群体住房支付能力不足、特定群体住房困难等问题更加突出。因此，习近平总书记在党的十九大报告中强调：“坚持房子是用来住的，不是用来炒的定位，加快建立多主体供给、多渠道保障、租购并举的住房制度，让全体人民住有所居。”在实现住有所居道路上，掌握居民对居住的诉求，同时需要控制房地产市场投机行为，防范风险十分重要。

本章通过中国家庭金融调查数据，描述了我国家庭住房拥有情况的变化，家庭房产的消费特征，小产权房拥有及房产在家庭财富配置中的情况。

第一节　家庭房产拥有情况

一、房产基本拥有情况

住房拥有率指拥有自有产权住房的家庭占全部家庭的比例。如表4-1所示，根据2017年CHFS数据，我国家庭的住房拥有率较高，全国家庭住房拥有率为92.8%，城镇家庭住房拥有率为90.2%，农村家庭住房拥有率为97.2%。与2011年、2013年和2015年相比，住房拥有率有了稳步的上升，尤其是相较于2011年有较大的增长。

表 4-1　家庭住房拥有率比较

（单位：%）

	2011 年	2013 年	2015 年	2017 年
全国	90.0	90.8	92.7	92.8
城镇	84.8	87.0	90.3	90.2
农村	96.0	96.4	96.6	97.2

不同年收入家庭的住房拥有率存在差异，根据 2017 年 CHFS 的数据，将全部家庭按照年收入四等分，住房拥有率随着收入的增加呈现出明显上升的趋势。如图 4-1 所示，收入最低的 25% 的家庭住房拥有率仅为 87.7%，而收入最高的 25%家庭住房拥有率为 94.6%。

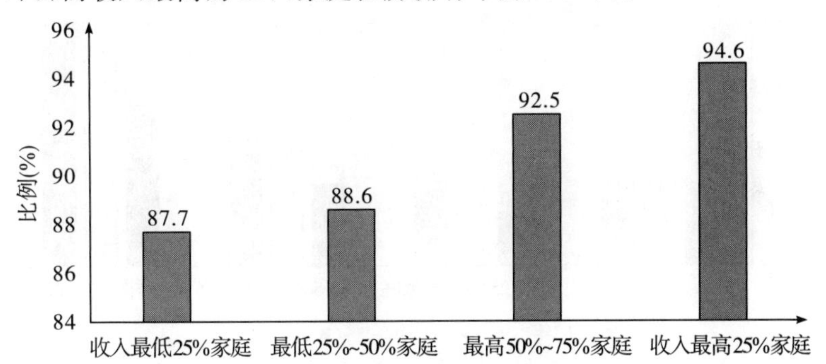

图 4-1　不同收入家庭房产拥有率

二、多套房拥有率

多套房拥有率是指拥有多套自有住房的家庭占比。根据中国家庭金融调查的数据，我国多套房拥有率高，且稳步增长。如图 4-2 所示，2017 年的城镇家庭多套房拥有率达 22.1%，较 2013 年和 2015 年均有明显上升，分别上涨 3.5%和 0.9%。

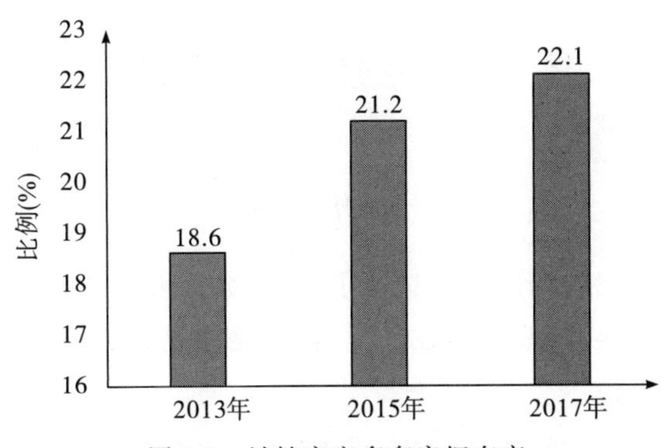

图 4-2　城镇家庭多套房拥有率

不同年收入家庭的多套房拥有率同样存在差异,多套房拥有率随着收入的增加呈现出明显上升的趋势,且上升速度更快。收入最高的25%家庭多套房拥有率为38.4%,明显高于其他组别,同时,各收入组别的多套房拥有率都有一定上升,如图4-3所示,收入越高的家庭多套房拥有率上涨速度越快。2017年,收入最低25%家庭多套房拥有率最低,仅10.8%,较2013年增加3.8%,增长幅度最小。随着家庭收入增加,多套房拥有率增加,上涨幅度增加。收入最高25%家庭多套房拥有率较2013年增加10.1%,增长最高,表明收入越高的家庭配置房产的意愿越强烈。

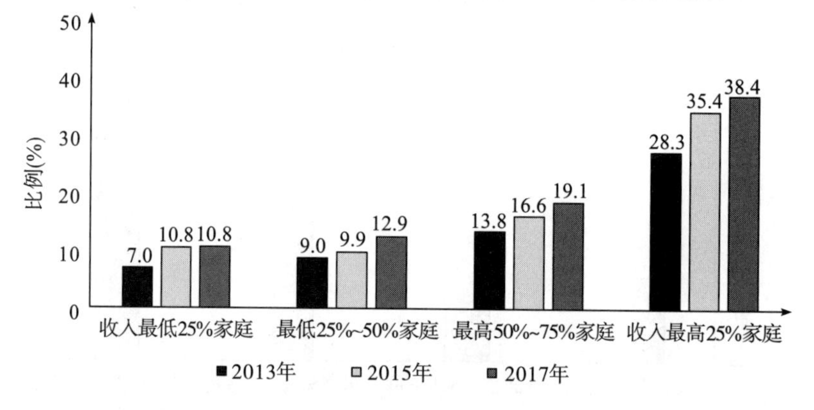

图4-3 不同收入组家庭多套房拥有率

然而值得注意的是,伴随着越来越高的多套房拥有率,投资需求日趋旺盛,产生了大量的空置住房。2017年,我国城镇住房空置率高达21.4%[①],其中80%以上的空置住房来源于多套房家庭。大量的空置房,一方面,造成社会资源的浪费,包括闲置的住房及沉淀在空置住房上的信贷资源;另一方面,导致潜在的住房市场风险加剧,需警惕房价下跌引发的违约风险,从长期来看,不利于发展健康、稳定的住房市场。

第二节 家庭房产消费特征

一、购房动机

CHFS对家庭的购房动机进行了分析,数据表明,2017年家庭计划购房的主要目的是换房,改善居住环境,其次是结婚或分家。随着经济的发

①《2017年中国城镇住房空置分析》报告,中国家庭金融调查与研究中心。

展，住房拥有率不断提升，居民对住房的需求从以刚需为主已经转变为以改善需求为主，对住房品质的追求开始成为核心需求，“从住有所居”过渡到“住有所宜”。如图 4-4 所示，36.9%家庭的购房动机为改善住房，15.9%家庭的购房动机为结婚/分家，有 9.6%的家庭是为了购置学区房。其他的购房动机还包括拆迁换房（7.6%）、养老/度假（5.7%）、投资（4.8%）和人房分离（3.4%）。其中，首次购房的比例仅占 5.3%。

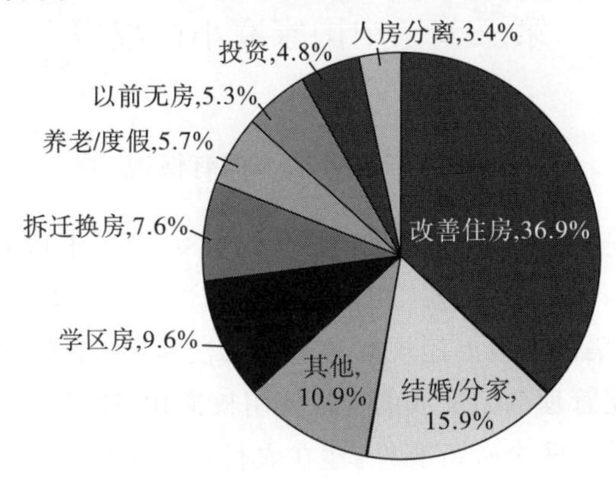

图 4-4　家庭购房动机

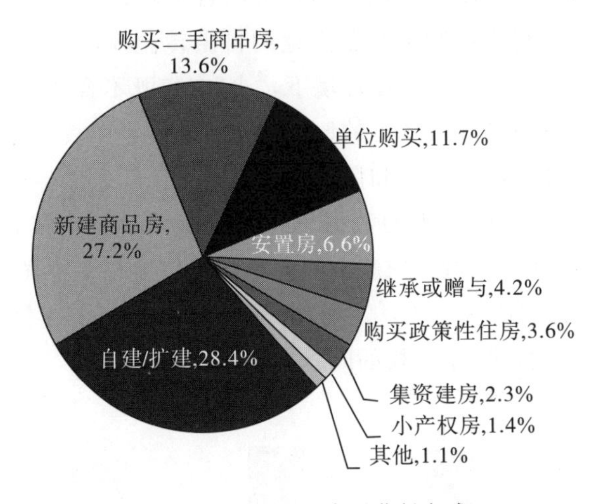

图 4-5　城镇家庭房屋获得方式

二、城镇地区房屋获得方式

2017 年，我国城镇家庭获得住房的主要途径是购买商品房（包括新建商品住房和二手商品住房),其次是自建或扩建住房。如图 4-5 所示,在城镇家庭中,40.8%的家庭住房通过购买商品房获得,28.4%的家庭住房通过自建/扩建方式获得,11.7%的家庭住房是向单位购买或是单位分配的。获得安置房、因受赠或继承取得住房、购买政策性住房、集资建房、购买小产权住房的家庭占比分别为 6.6%、4.2%、3.6%、2.3%、1.4%。

第三节 中国家庭小产权房

一、小产权房基本拥有情况

小产权房是城镇化过程中产生的,是我国二元土地制度的衍生品。"小产权房"是与"完全产权房"相对立的特殊的部分产权房或不完全产权房,特指在农村集体土地上违规修建的不合法房屋,没有获得县级及以上国土资源和房屋管理部门发放的土地使用权证和房产证,不能依法进行转让。"小产权房"有两个必备要件:建在农村集体土地上;已被城镇居民或非本集体组织成员所拥有。

二元土地制度下,城镇土地使用权可以自由转让,"地随房走"的房产交易不受限制,农村集体则不具备土地的自由转让权,相对于"大"产权的商品房而言,在我国目前的法律环境下,"小"产权既不合法,又在产权上处于弱势、受歧视且不被政策认可的地位。如何解决小产权的流动和合法性的问题,一直是社会各界关注和探讨的重点。

根据中国家庭金融调查的数据,如图 4-6 所示,2017 年我国 4.0%的家庭拥有小产权住房。城乡家庭之间的小产权房拥有率差异不大,城镇家庭为 4.1%,农村家庭为 3.9%。当前,城乡都存在一定比例的小产权住房,随着城镇化的推进,小产权的问题突出。

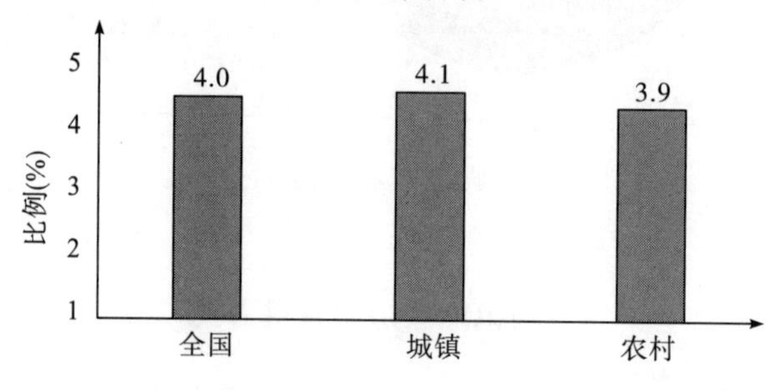

图 4-6 城乡小产权房拥有率

二、小产权房地区分布情况

CHFS 数据显示，东部地区的小产权房拥有率都高于中部地区和西部地区，这可能源于东部地区城镇化速度快于中西部地区。如图 4-7 所示，2017 年，城镇地区，东部小产权房拥有率最高，为 4.3%；中部地区为 4.2%；西部地区最低，为 3.5%。农村地区，东部地区小产权房拥有率为 4.3%，与中部地区小产权房的比例持平，西部地区小产权房拥有率为 2.9%。

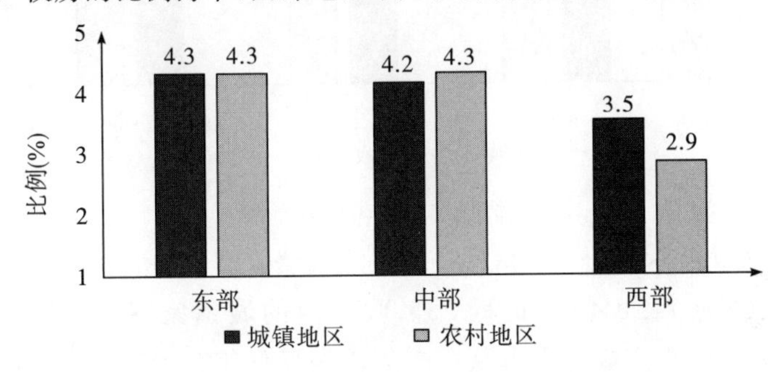

图 4-7　不同地区小产权房拥有率

第四节　家庭财富配置中的房产

通过房产价值占家庭总资产的比例情况表明，房产在我国家庭资产配置的占比很高。如表 4-2 所示，2017 年，城镇地区房产占家庭总资产的比例为 74.8%，同时房产价值占家庭净资产的比例为 79.4%；农村地区房产占家庭总资产的比例为 59.5%，同时房产价值占家庭净资产的比例为 66.0%。房产作为我国家庭最重要的资产，对金融资产配置及家庭消费都有影响，一方面，较高的房产占比吸收了家庭过多的流动性，挤压了家庭资产中其他金融资产的配置；另一方面，家庭通过减少消费用于支持配置住房所需的大量资金，在住房上的花费挤占大量其他消费，随着房价的上涨，这一挤占现象会越来越严重。

表 4-2　房产价值占家庭资产的比例

	房产价值占家庭总资产比例	房产价值占家庭净资产比例
城镇	74.8%	79.4%
农村	59.5%	66.0%

如图 4-8 所示，东部地区的房产占家庭总资产的比例都要明显高于中

部和西部地区,这主要源于东部地区的房价较中西部地区高。

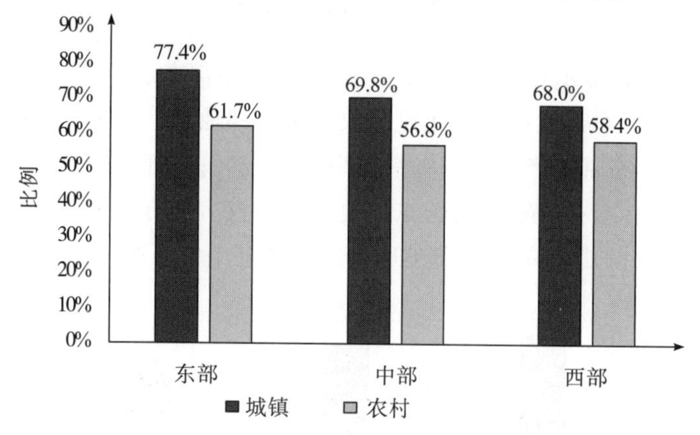

图 4-8 不同地区房产占家庭总资产比例

如图 4-9 所示,在最高 25%收入组的城镇家庭中,房产价值占家庭总资产的比例为 71.8%;在最低 25%收入组的城镇家庭中,该比例增至 77.7%。最高收入家庭房产占总资产的比例远低于其他家庭,这是因为高收入家庭的资产配置更多元化。

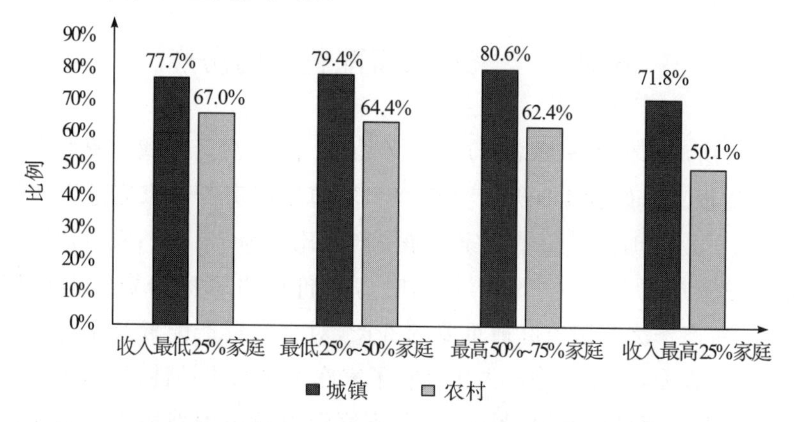

图 4-9 家庭收入与家庭房产占家庭总资产的比例

CHFS 进一步发现,户主年龄越大的家庭,房产占家庭总资产比例越高,随着年龄的增长,财富累积,更偏好于配置房产。如图 4-10 所示,城镇地区户主年龄小于 25 周岁的家庭,房产占家庭总资产比例最低,为 67.3%,随着年龄的增加,房产占家庭总资产比例上升。户主年龄大于 60 周岁的家庭的房产价值占比最高,达 82.7%;农村地区也有相似的特征。

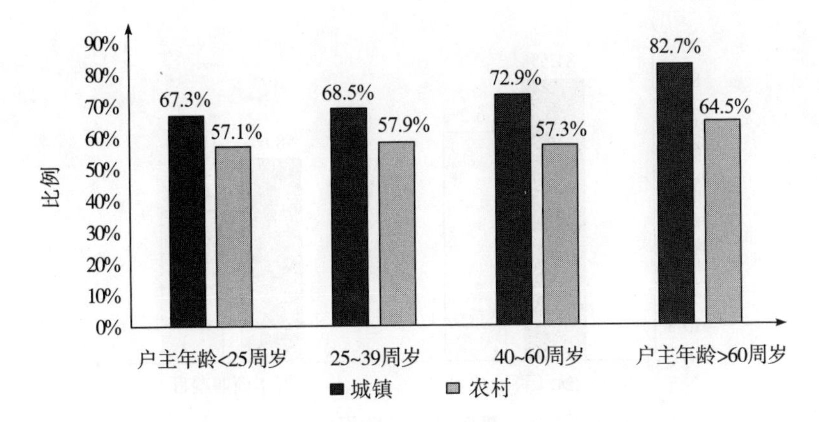

图 4-10　户主年龄与家庭房产占家庭总资产的比例

图 4-11 户主受教育水平与家庭房产占家庭总资产的比例分布情况。数据显示,城镇地区受教育程度水平高的家庭,其房产占家庭总资产比例较低,这可能是由于受教育程度较高的家庭,其投资知识更丰富,更能够通过其他途径配置自己的资产,而农村地区的该特征并不明显。

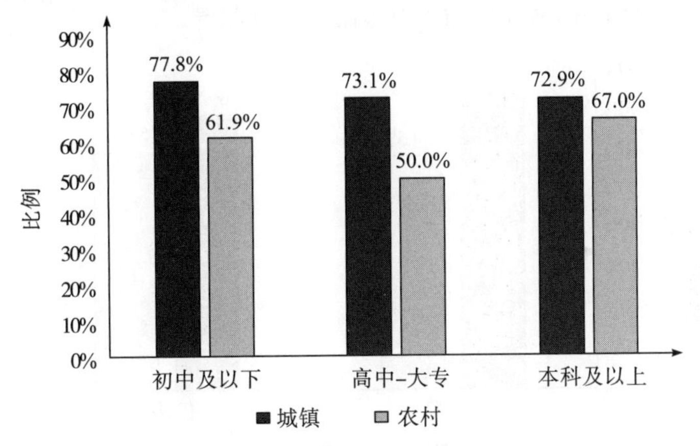

图 4-11　户主受教育水平与家庭房产占家庭总资产的比例

图 4-12 展示了有无工商业项目与家庭房产占家庭总资产的比例分布情况。数据显示,有工商业项目的家庭,房产占总资产比例远低于没有工商业项目的家庭。分城乡看,按照是否从事工商业经营进行分类,从事工商业经营的城镇家庭住房占比为 58.6%,而没有从事工商业经营的城镇家庭这一比例为 81.5%;在农村地区,从事工商业经营的家庭住房占比为 43.9%,而没有从事工商业经营的家庭住房占比为 66.2%,我们判断这是受工商业家庭增加了对工商业资产的配置所致。

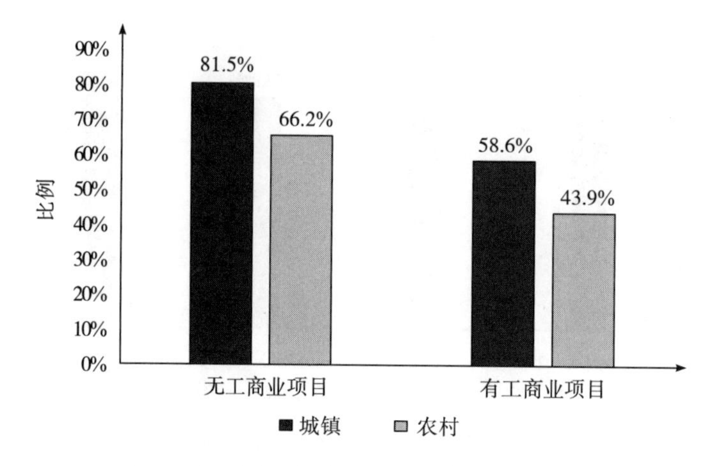

图 4-12 有无工商业项目与家庭房产占家庭总资产的比例

CHFS 对家庭按照是否持有股票进行分类,对比了房产占总资产的比例。如图 4-13 所示,城镇地区拥有股票的家庭房产占总资产的比例为 69.8%,低于无股票家庭的 75.8%,这主要源于有股票家庭了解更多的金融知识和金融工具,从而增加了对金融资产的配置。

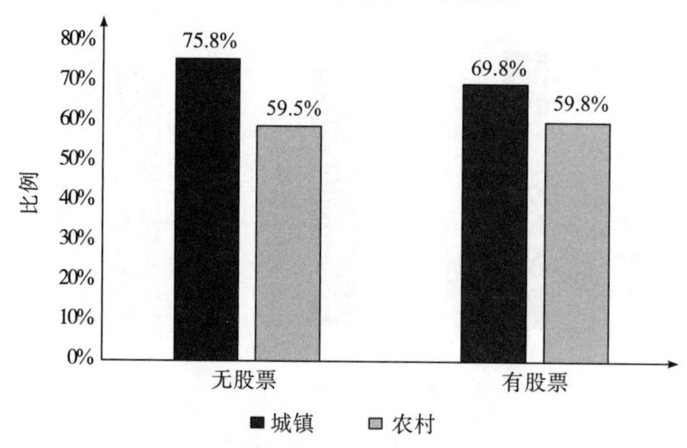

图 4-13 有无股票与家庭房产占家庭总资产的比例

第五节 本章小结

本章基于 2017 年 CHFS 数据,介绍了家庭住房拥有、房产消费特征、小产权住房及房产在家庭财富配置等四方面的基本情况。本章要点总结如下:

第一,当前我国住房拥有率高,且持续上升,逐步实现住有所居的愿景。同时,2017 年,我国多套房拥有率高达 22.1%,且稳步增长。不同年收入家庭的多套房拥有率同样存在差异,收入越高的家庭,更愿意配置房产,多套房拥有率随着收入的增加呈现出明显上升的趋势,且上升速度更快。然而值得注意的是,当前我国住房拥有率高,并伴随着越来越高的多套房拥有率,投资需求旺盛,住房空置率高,一方面,造成社会资源的浪费,包括闲置的住房及沉淀在空置住房上的信贷资源;另一方面,导致潜在的住房市场风险加剧,需警惕房价下跌引发的违约风险,从长期来看,不利于发展健康、稳定的住房市场。

第二,我国经历了 20 年的住房市场化,住房获取方式从福利分房为主转变为以购买商品房为主,2017 年 40.8%的城镇家庭是通过购买商品房获取住房,单位购买或是分配的占比仅为 11.7%。另外,从需求来看,随着经济的发展,住房拥有率不断提升,居民对住房的需求从以刚需为主已经转变为以改善需求为主,对住房品质的追求开始成为核心需求,从“住有所居”过渡到“住有所宜”。

第三,从家庭财富配置来看,房产在我国家庭资产配置的占比很高。房产作为我国家庭最重要的资产,对金融资产配置及消费都有较大的影响,一方面,较高的房产占比吸收了家庭过多的流动性,挤压了家庭资产中其他金融资产的配置;另一方面,家庭通过减少消费用于支持配置住房所需的大量资金,在住房上的花费挤占大量其他消费,随着房价的上涨,这一挤占现象会越来越严重。

第五章　家庭金融资产

改革开放以来，我国经济飞速发展，家庭财富日益积累。家庭有了进行金融资产配置的需要。合理的金融资产配置能增加家庭财产性收入，增强家庭抵御外来冲击的能力，对于拉动内需促进经济发展有着重要的作用。此外，伴随金融市场理财产品的丰富以及进入门槛的降低，家庭在资产配置上有了更多的选择。互联网理财的蓬勃发展也为家庭金融资产配置提供了更加方便快捷的方式。然而，金融产品的纷繁复杂也对家庭资产配置行为提出了新挑战。利用微观数据能有效展示家庭金融资产配置的变迁，帮助我们理解家庭行为背后的逻辑，从而为制定相关政策提供数据及理论支持。

与此同时，愈加丰富的微观调查数据也使得对于家庭金融资产配置行为的研究成为可能。尤其是2008年全球金融危机发生后，学术界进一步认识到家庭资产配置研究的重要性。近年来，大量文献研究影响家庭金融资产配置行为的因素①，主要包括人口特征、生命周期、经济状况、金融知识、社会保障等。同时我们也需要观察到中国家庭的资产配置相比于其他国家的不同之处，只有这样才能更好地理解当前中国的社会现实，为建设具有中国特色的经济学学术研究作出贡献，这进一步对高质量的微观调查数据提出了要求。

本章旨在利用中国家庭金融调查的微观数据，详细描述家庭在银行存款、股票、基金、债券、理财产品以及其他金融产品上的资产配置情况，比较了不同区域、年龄、受教育程度的家庭在各类产品上的配置差异，重点分析了阻碍家庭参与不同金融市场的关键因素，为发展金融市场促进居民储蓄向投资转化，助力拉动内需，提供了重要的数据支撑。

---

①王聪，姚磊，柴时军：《年龄结构对家庭配置的影响及其区域差异》，《国际金融研究》2017年第2期。

第一节　银行存款

一、活期存款

(一)账户拥有情况

银行活期存款指无需任何事先通知,存款户即可随时存取和转让的一种银行存款,是商业银行的重要资金来源。如表5-1所示,全国拥有活期存款账户的家庭占总有效样本的89.9%,活期存款持有率的家庭占比为62.2%。分城乡来看,城镇家庭活期存款账户拥有比例为91.5%,农村家庭活期存款账户拥有比例为86.0%,比城镇低了5.5%。城镇家庭的活期存款持有率为66.1%,而农村的活期存款持有率为52.6%。

分区域来看,西部地区90.2%的家庭有活期存款账户,高出全国平均水平0.3%;东部地区90.1%的家庭有活期存款账户,略高于全国平均水平;而中部地区拥有活期存款账户的家庭为89.3%,是家庭活期账户拥有比例最低的区域。总体来看,我国家庭的活期存款持有率并不高,且城乡差异显著。

表5-1　家庭活期存款账户拥有比例

	活期存款账户拥有比例	活期存款持有率
全国	89.9%	62.2%
城镇	91.5%	66.1%
农村	86.0%	52.6%
东部	90.1%	65.3%
中部	89.3%	58.7%
西部	90.2%	61.5%

根据户主年龄分段,我们进一步考察了家庭活期存款账户的拥有情况。如图5-1所示,户主在16～30周岁阶段,家庭活期存款持有率为69.8%;户主在31～45周岁阶段,家庭活期存款持有率为72.3%;户主在46～60周岁阶段,其家庭活期存款持有率为62.9%;当户主年龄在61周岁以上时,家庭活期存款持有率降至55.0%。总体来看,户主为31～45周岁的家庭其活期存款持有率最高,45周岁以后随着年龄的增长,家庭活期存款持有率逐渐下降。

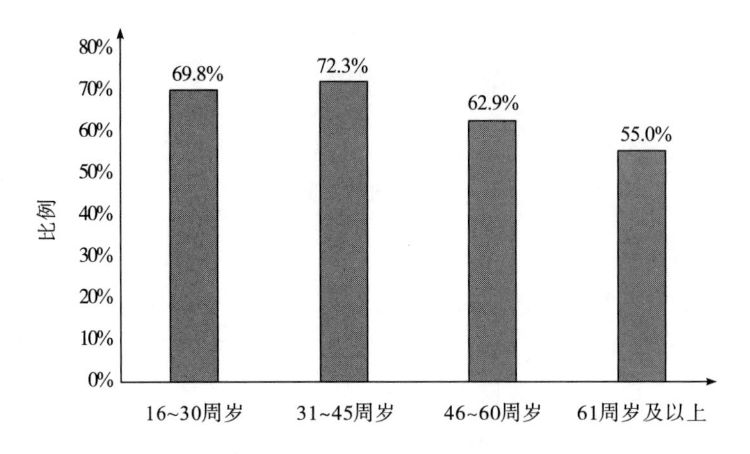

图 5-1 户主年龄与活期存款持有率

图 5-2 分析了户主学历与活期存款持有率的相关关系，随着户主受教育程度的提升，家庭活期存款账户拥有率不断提高。同时，户主学历在大专以下的样本中，学历每提高一个层次，其家庭活期存款持有率的提高就会有大幅度增加。如图 5-2 所示，具体来看，在户主没有上过小学的家庭中，家庭活期存款持有率最低，仅为 35.9%；在户主学历为小学的家庭中，家庭活期存款持有率为 52.0%；在户主学历为初中的家庭中，活期存款持有率为 63.0%；在户主学历为高中/职高的家庭中，活期存款持有率为 70.7%；在户主文化程度为大专/高职的家庭中，活期存款持有率为 76.2%；在户主文化程度为大学本科和研究生的家庭中，家庭活期存款持有率分别为 78.3%和 86.1%。

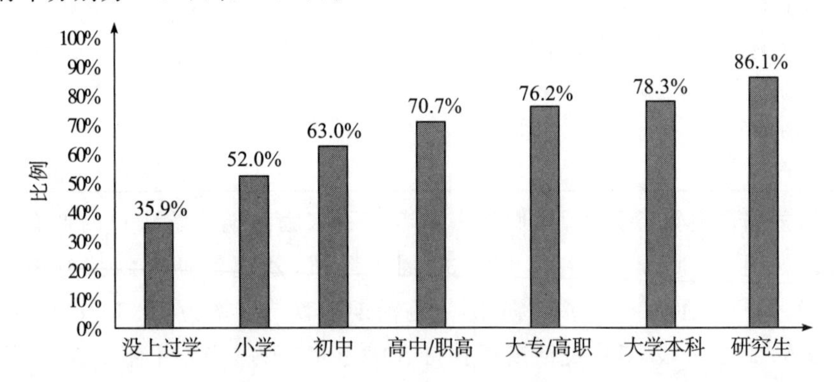

图 5-2 户主学历与活期存款持有率

(二)账户拥有数量

如表 5-2 所示，家庭一般拥有多个银行存款账户。在拥有活期存款账户的样本家庭中，全国家庭平均拥有量为 2.9 个，城镇家庭平均拥有量为 3.2

个,农村家庭平均拥有量仅为2.2个。分区域看,东部地区的家庭平均拥有3.2个活期存款账户,高于中部地区的2.7个和西部地区的2.7个。

表5-2　家庭活期存款账户拥有数量

(单位:个)

	拥有数量
全国	2.9
城镇	3.2
农村	2.2
东部	3.2
中部	2.7
西部	2.7

(说明:仅针对有活期账户的家庭进行计算。)

(三)账户余额

如表5-3所示,全国家庭活期存款账户的平均余额为39084元。分城乡来看,城镇家庭的平均余额为45567元;农村家庭的平均余额为18675元。城镇家庭比农村家庭的活期存款账户余额均值高出26892元,城镇家庭持有更多的流动现金。分区域来看,东部地区家庭活期存款账户余额的均值最高,为51381元,西部地区活期存款账户余额的均值最低,为28271元。

表5-3　家庭活期存款账户余额

(单位:元)

	均值	中位数
全国	39084	10000
城镇	45567	12000
农村	18675	4241
东部	51381	14146
中部	29129	10000
西部	28271	7000

(说明:仅针对有活期账户余额的家庭进行计算。)

进一步分析户主年龄与家庭活期存款账户余额的情况。从图5-3户主年龄与活期存款账户余额可知,随着户主年龄的增加,家庭活期存款账户余额逐步减少。活期存款账户余额最高的为16～30周岁年龄组,其均值为56208元;其次是31～45周岁的年龄组,其活期账户余额均值为

44407 元;再次是 46～60 周岁的年龄组,其活期账户余额均值为 37327 元;最后,活期账户余额最低的是 61 周岁及以上的年龄组,其均值为 34493 元。

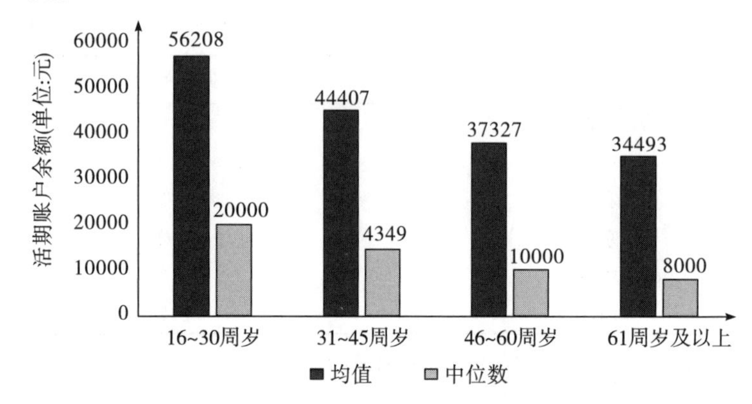

图 5-3　户主年龄与活期存款账户余额

(说明:仅针对有活期账户余额的家庭进行计算。)

图 5-4 分析了户主学历与活期存款账户余额的正相关关系。户主没有上过小学的家庭,活期存款账户余额的均值仅为 16630 元,不到全国平均水平的一半;户主为小学学历和初中学历的家庭,活期存款账户余额的均值分别为 22261 元和 29619 元;户主为高中及以上学历的家庭,活期存款账户余额均值都超过了全国平均值。其中,户主具有研究生及以上学历的家庭活期存款账户余额最高,均值为 109078 元。

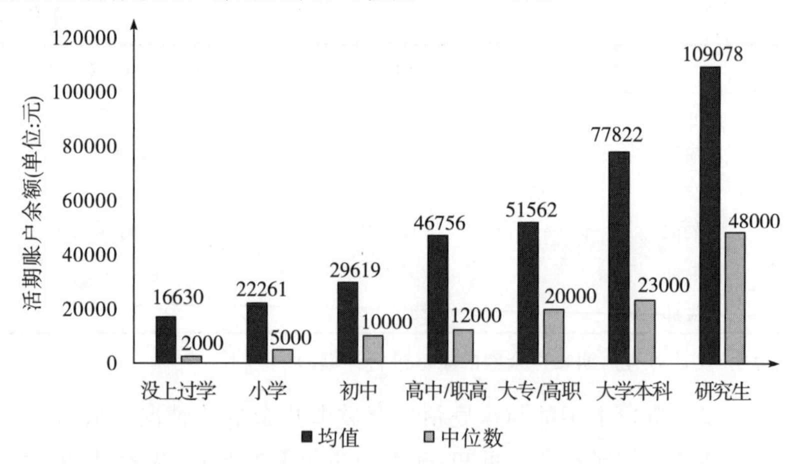

图 5-4　户主学历与活期存款账户余额

(说明:仅针对有活期账户余额的家庭进行计算。)

二、定期存款

(一)定期存款拥有情况

如表 5-4 所示,2017 年全国家庭定期存款拥有比例约为 17.4%。分城乡看,城镇的定期存款拥有比例远高于农村地区,前者为 20.1%而后者为 10.7%,城镇家庭更偏好定期存款。定期存款也存在区域差异,其中,东部地区的家庭定期存款拥有比例最高,为 22.6%,其次为中部地区,其家庭定期存款拥有比例为 14.6%,最低的家庭定期存款拥有比例是西部地区,为 12.0%。

表 5-4　家庭定期存款拥有比例

	定期存款拥有比例
全国	17.4%
城镇	20.1%
农村	10.7%
东部	22.6%
中部	14.6%
西部	12.0%

图 5-5 进一步分析户主年龄与家庭定期存款账户余额的情况,老年人的存款意愿更强。随着年龄的增加,家庭定期存款拥有比例逐步增加。家庭定期存款拥有比例最高的为 61 周岁及以上年龄组,其均值为 19.5%;其次是 31～45 周岁的年龄组,其家庭定期存款拥有比例为 16.9%;再次是 46～60 周岁的年龄组,其家庭定期存款拥有比例为 16.2%;最后,家庭定期存款拥有比例最低的是 16～30 周岁的年龄组,其均值为 12.9%。

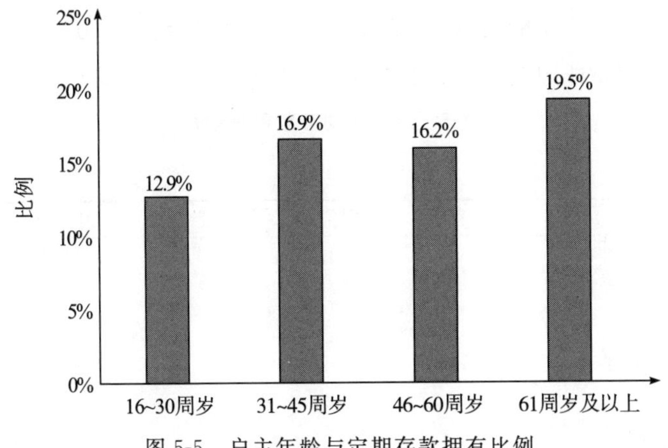

图 5-5　户主年龄与定期存款拥有比例

图 5-6 分析了户主学历与定期存款拥有比例的关系。随着户主学历的升高,其家庭定期存款拥有比例也逐步升高。其中,没有上过学的户主,其家庭定期存款拥有比例最低,为 6.6%;其次是小学学历的户主,其家庭定期存款拥有比例为 11.7%;拥有高中/职高及以上学历的户主,其家庭定期存款拥有比例都超过了全国的平均值;拥有研究生学历的户主家庭定期存款拥有比例最高,为 29.4%。

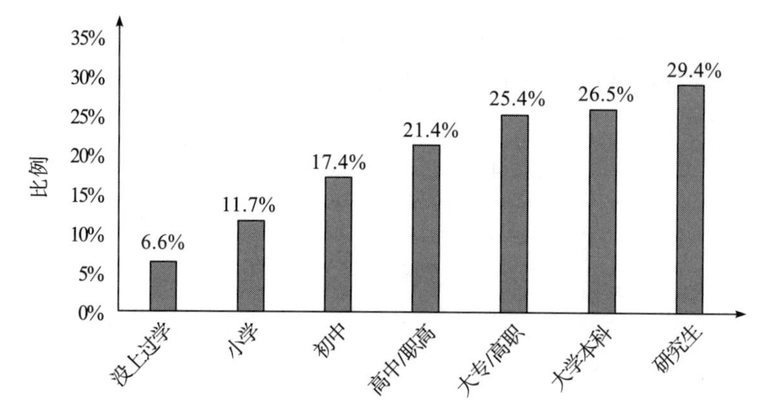

图 5-6　户主学历与定期存款拥有比例

(二)账户余额

表 5-5 统计了家庭定期存款账户余额。2017 年全国家庭的定期存款总余额的均值为 113838 元,中位数为 50000 元。分城乡看,城镇家庭的定期存款账户余额均值为 125416 元,中位数为 58000 元;农村家庭的定期存款账户余额均值为 59797 元,中位数为 30000 元,城乡差异显著。按地区来看,东部地区最高,定期存款账户余额均值为 135299 元,中位数为 60000 元;西部地区的家庭存款账户余额最低,均值为 28271 元,中位数为 7000 元;东部地区的家庭定期存款账户余额远高于中部地区和西部地区,区域差异显著。

表 5-5　家庭定期存款账户余额

(单位:元)

	均值	中位数
全国	113838	50000
城镇	125416	58000
农村	59797	30000
东部	135299	60000
中部	90021	50000
西部	28271	7000

（说明：仅针对有定期存款的家庭进行计算。）

图 5-7 进一步分析户主年龄与家庭定期存款账户余额的情况。如图所示，随着年龄的增加，家庭定期存款账户余额逐步增加。定期存款账户余额最高的为 46～60 周岁年龄组，其均值为 114992 元，中位数为 50000 元；其次是 61 周岁及以上的年龄组，其定期账户余额均值为 114067 元，中位数为 50000 元；再次是 31～45 周岁的年龄组，其定期账户余额均值为 112583 元，中位数为 50000 元；最后，定期账户余额最低的是 16～35 周岁的年龄组，其均值为 105979 元，中位数为 50000 元。

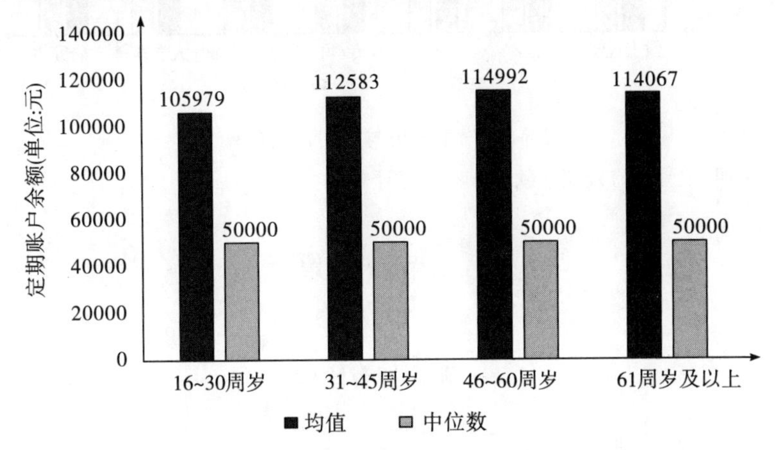

图 5-7　户主年龄与定期存款余额

（说明：仅针对有定期存款的家庭进行计算。）

从图 5-8 户主学历与定期存款余额可知，家庭定期存款账户余额与户主学历呈正相关。户主没有上过小学的家庭，定期存款账户余额的均值仅为 62860 元，中位数仅为 30000 元；户主为小学学历和初中学历的家庭，定期存款账户余额的均值分别为 69942 元和 97563 元，二者定期存款账户余额的中位数分别为 35000 元和 50000 元；户主为高中及以上学历的家庭，定期存款账户余额均值都超过了全国平均值，其中位数也超过了全国的中位数。其中，户主具有研究生及以上学历的家庭定期存款账户余额最高，均值为 230432 元，中位数为 100000 元。

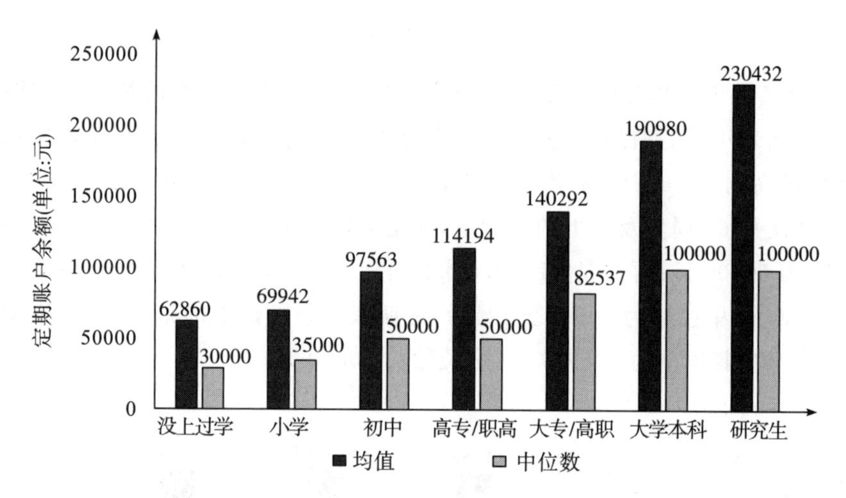

图 5-8 户主学历与定期存款余额

(说明:仅针对有定期存款的家庭进行计算。)

第二节 股票

一、账户拥有比例

(一)账户开通率

表 5-6 显示的是股票账户开通比例及持股家庭占比。全国家庭的股票账户开通率为 7.4%,其中,城乡差异和地区差异明显。城镇家庭的股票账户开通率为 10.2%,远高于农村家庭的 0.5%。地区之间,东部的家庭的股票账户开通率最高,为 10.6%,而中部和西部的该比例分别为5.0%和4.9%。东部家庭的股票账户开通率远高于中部和西部地区的家庭。

在开通股票账户家庭中大部分家庭(92.3%)曾经进行过股票买卖操作,目前仍持有股票的家庭有 81.4%。

表 5-6 股票账户开通比例及持股家庭占比

	股票账户开通率	有炒股经历的家庭占比	持股家庭占比	持股家庭占比(总体)
全国	7.4%	92.3%	81.4%	6.0%
城镇	10.2%	92.6%	81.4%	8.3%
农村	0.5%	80.3%	80.6%	0.4%
东部	10.6%	92.2%	82.1%	8.7%

续表

	股票账户开通率	有炒股经历的家庭占比	持股家庭占比	持股家庭占比（总体）
中部	5.0%	92.6%	81.8%	4.1%
西部	4.9%	92.7%	77.9%	3.8%

（说明："有炒股经历的家庭占比"及"目前持股家庭占比"均限定在开通了股票账户的家庭中。）

表 5-7 展示了户主年龄与股票账户开通比例的关系。如表所示，股票账户开通率最高的为 31～45 周岁年龄组，为 11.7%；其次为 16～30 周岁年龄组，其股票账户开通率为 7.8%；再次为 46～60 周岁的年龄组，股票账户开通率为 7.6%；最后，61 周岁及以上的年龄组，其股票账户开通率最低，为 4.7%。

表 5-7　户主年龄与股票账户开通比例

	股票账户开通率	有炒股经历的家庭占比	持股家庭占比
16～30 周岁	7.8%	89.2%	76.0%
31～45 周岁	11.7%	91.7%	76.9%
46～60 周岁	7.6%	93.2%	84.3%
61 周岁及以上	4.7%	92.5%	84.2%

（说明："有炒股经历的家庭占比"及"目前持股家庭占比"均限定在开通了股票账户的家庭中。）

CHFS 进一步分析户主特征和家庭持股比例的情况。如图 5-9 所示，不同年龄段的户主家庭持股比例的情况有明显的差异。户主年龄为

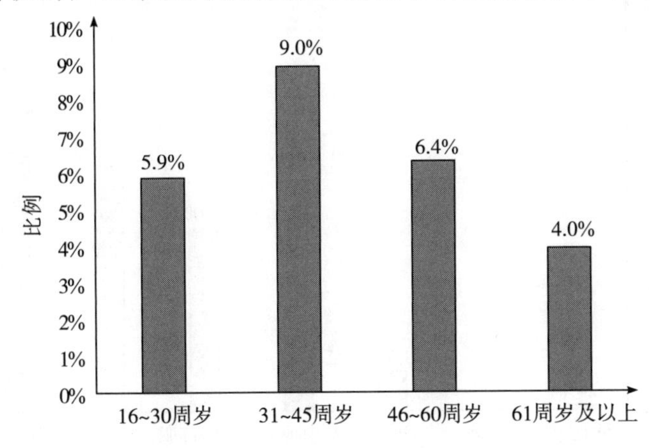

图 5-9　户主年龄与家庭持股比例

31～45周岁的家庭持股比例最高，为 9.0%；户主为 16～25 周岁及 46～60 周岁的家庭持股比例较小，分别为 5.9%和 6.4%；户主年龄在 61 周岁及以上的家庭持股比例最低，仅为 4.0%。

如表 5-8 所示，户主学历越高的家庭股票账户开通的比例越高。户主没有上过学的家庭股票账户开通的比例仅为 0.7%，户主为小学和初中学历的家庭则为 1.0%和 4.1%。户主为高中/职高学历家庭的股票账户开通率达到 10.3%，户主为大专/高职和大学本科学历家庭的股票账户开通率分别为 20.1%和 25.3%。户主为研究生的家庭的账户开通率最高，为 33.1%。

表 5-8　户主学历与股票账户开通比例

	股票账户开通率	有炒股经历的家庭占比（条件值）	持股家庭占比（条件值）
没上过学	0.7%	90.4%	55.9%
小学	1.0%	79.8%	73.5%
初中	4.1%	90.2%	81.4%
高中/职高	10.3%	93.8%	80.1%
大专/高职	20.1%	93.7%	79.3%
大学本科	25.3%	93.6%	85.0%
研究生	33.1%	87.0%	86.8%

（说明："有炒股经历的家庭占比"及"目前持股家庭占比"均限定在开通了股票账户的家庭中。）

图 5-10 展示了户主学历与家庭持股比例分布，如图所示，户主学历越高的家庭持股比例就越高。户主没有上过学的家庭持股比例仅为0.4%，户主

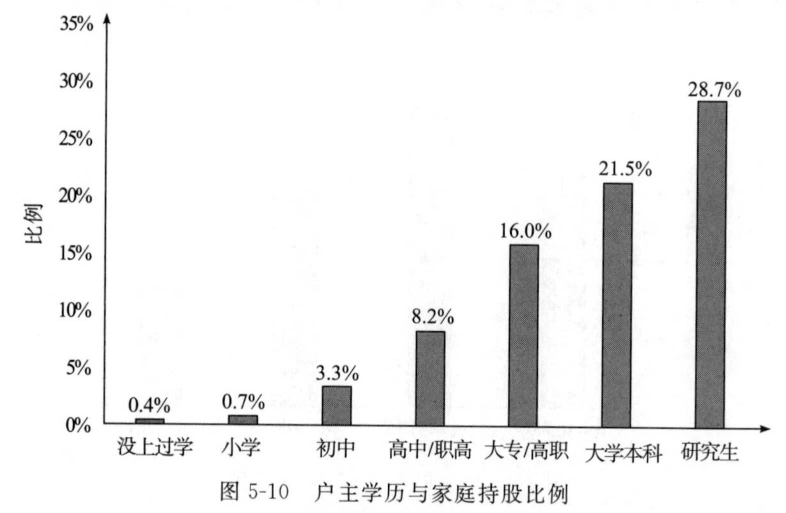

图 5-10　户主学历与家庭持股比例

为小学和初中学历的家庭则为 0.7%和 3.3%。户主为高中/职高学历家庭的持股比例达到 8.2%,户主为大专/高职和大学本科学历家庭的持股比例分别为 16.0%和 21.5%,户主为研究生的家庭的持股比例最高,为 28.7%。

(二)股票现金余额

CHFS 进一步调查了受访者股票账户的资产情况。图 5-11 展示了有炒股经历家庭的股票账户现金余额情况,如图所示,在有炒股经历的家庭中,其股票账户现金有余额的占 73.8%,股票账户现金无余额的占 26.2%。

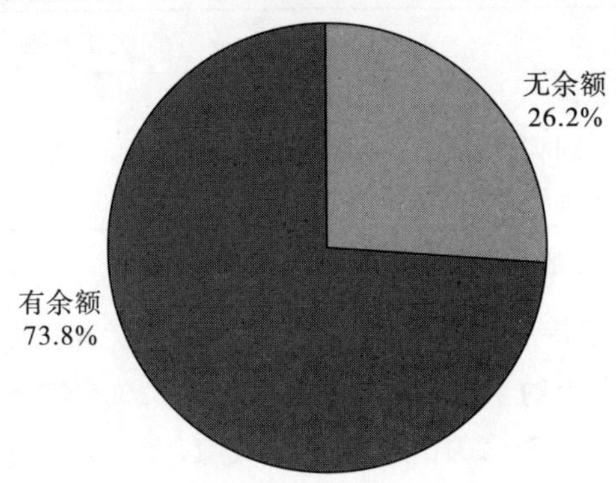

图 5-11 有炒股经历家庭的股票账户现金余额情况

表 5-9 统计了家庭股票账户现金余额。在股票账户现金有余额的家庭中,其总体的平均值为 93090 元,中位数为 30000 元。其中,城乡差异显著:城镇的股票账户现金余额均值为 93584 元,中位数为 30000 元;而农村的股票账户现金余额均值仅为 62593 元,中位数仅为 10000 元。地区之间也有明显的差异,其中,东部家庭的股票账户现金余额最高,均值为 105366 元;中部家庭的股票账户现金余额均值为 84060 元,西部家庭的股票账户现金余额均值仅为 62397 元。

表 5-9 家庭股票账户现金余额

(单位:元)

	均值	中位数
全国	93090	30000
城镇	93584	30000
农村	62592	10000
东部	105366	35000
中部	84060	30000
西部	62397	30000

(说明:仅计算有股票账户现金余额的家庭。)

(三)首次炒股年份

表 5-10 统计了家庭首次炒股时间距离调查年(2017)的股龄,也就是家庭具有股票投资经验的时间长短,平均来看,全国家庭炒股股龄为 12.3 年。其中,现有持股者首次炒股距今的年限为 12.5 年,而目前未持股者的首次炒股距今的年限为 11.3 年。

表 5-10 首次炒股时间距今(2017 年)的年限

(单位:元)

	首次炒股距今的年限
总体	12.3
目前持股者	12.5
目前未持股者	11.3

(说明:仅询问有炒股经历的家庭。)

图 5-12 展示了持股家庭与首次炒股年份的关系。如图所示,我国拥有股票账户的家庭中约半数的家庭(51.0%)在 2006 年及以前便进行过股票交易,其次是在 2007～2010 年间,约占 1/4,大部分家庭进入股票交易市场的时间较早。

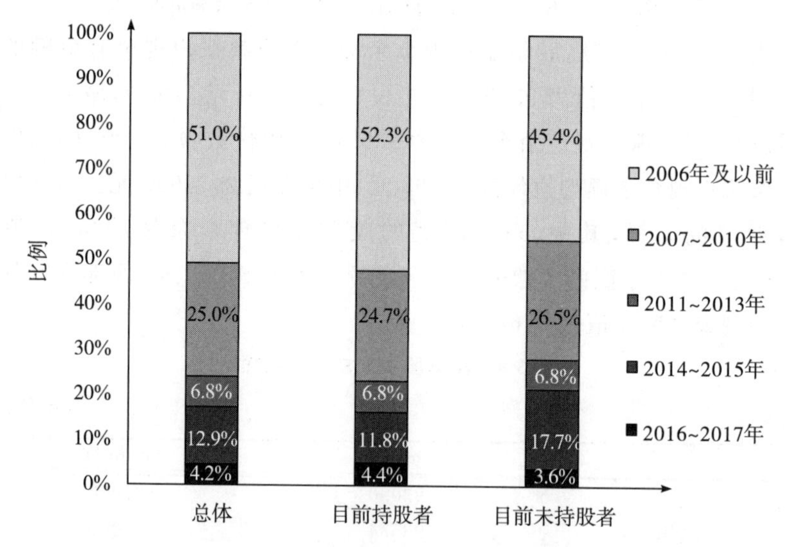

图 5-12 持股家庭与首次炒股年份

(四)未持股原因分析

图 5-13 表述了家庭未持股原因。在开通了股票账户但现在却不持有股票的家庭表示的不持股原因中,占比最高的是“曾经亏损”,达 35.0%。

其次是“目前行情不好”，占比 34.6%。其他原因还包括没有时间/兴趣，炒股风险太高，资金有限，占比分别为 23.0%，22.8%和 21.4%。

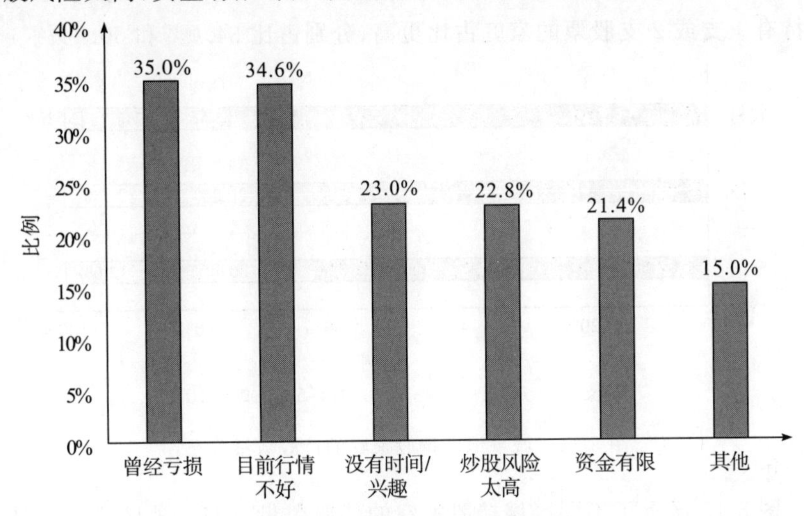

图 5-13　家庭未持股原因

（说明：仅询问开通了股票账户且有炒股经历但 2017 年未持股的家庭。）

二、持股情况

（一）持股数量分析

表 5-11 计算了 2017 年持股家庭的平均持股数量。如表 5-11 所示，全国家庭平均持股数量为 4.4 支，其中，农村家庭的平均持股数量高于城镇，股票投资更为分散，前者为 6.9 支，后者为 4.4 支。地区之间的平均持股数量差异不明显，东部地区家庭的平均持股数量最高，为 4.9 支，中部地区家庭的平均持股数量最低，为 3.4 支。

表 5-11　2017 年持股家庭的平均持股数量

	平均持股数量（支）
全国	4.4
城镇	4.4
农村	6.9
东部	4.9
中部	3.4
西部	3.6

图 5-14 统计了分城乡持股家庭的持股数量。全国持股者的持股数量

多在 6 支以下,占总体的 87.4%。其中,全国持有 1 支、2 支、3 支与 4～5 支股票的分布较为平均。城镇家庭的持股分布情况与全国的趋同,农村地区持有 1 支或 2 支股票的家庭占比更高,分别占比 34.0%和 30.4%。

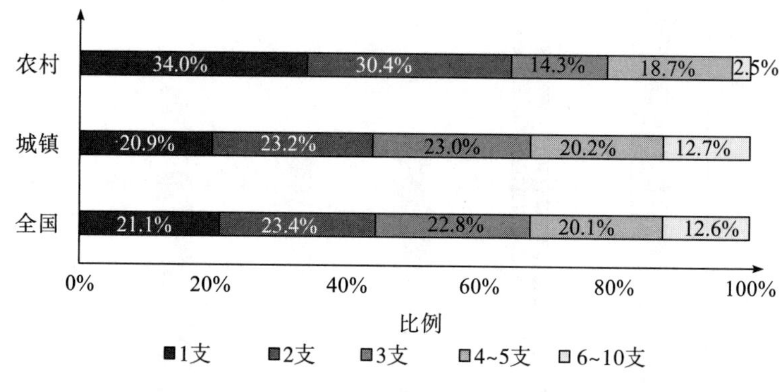

图 5-14 城乡地区持股家庭的持股数量分布

图 5-15 展示了不同区域持股家庭的持股数量分布。地区之间的持股数量分布差异不明显,超过半数的家庭持 3 支及以下的股票。

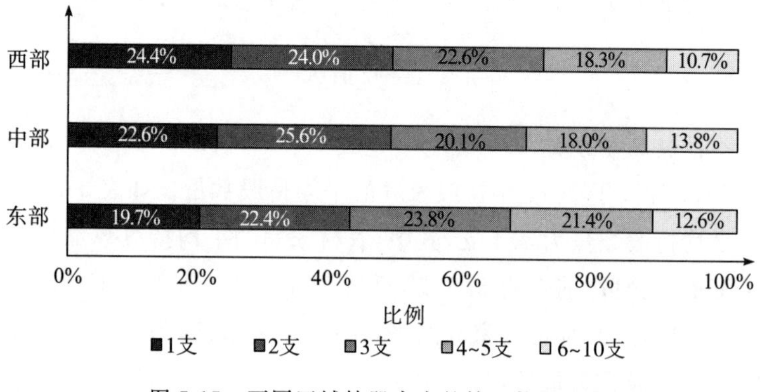

图 5-15 不同区域持股家庭的持股数量分布

(二)持股周期分析

表 5-12 展示了 2017 年持股家庭的平均持股周期及分布情况。全国平均持股周期为 545 天,家庭股票投资决策具有期限长的特点。其中,绝大部分持股周期在 3 年以内,占比最高的持股周期为 1～3 年,为 38.1%;其次是 1～6 个月,占比为 28.4%;然后是 1 个月及以内的持股周期,占比为 20.0%;持股周期在 3 年以上的仅占 5.4%。

如表 5-12 所示,持股周期在城乡之间存在明显的差异。城镇的持股周期为 550 天,明显高于农村的 225 天。其中,1 个月以内的短期持股,农村占33.3%，而同周期在城镇仅占19.8%。地区之间也存在差异，其中，东部地区的家庭的持股周期平均最长，为626天；其次为中部地区的家庭，持股周期平均为434天；西部地区的家庭持股周期平均最短，为394天。

表5-12　2017年持股家庭的平均持股周期及分布情况

	持股周期(天)	1个月及以内	1～6个月	6个月～1年	1～3年	3年以上
全国	545	20.0%	28.4%	8.1%	38.1%	5.4%
城镇	550	19.8%	28.3%	8.0%	38.4%	5.5%
农村	225	33.3%	36.2%	9.7%	20.1%	0.7%
东部	626	20.1%	29.2%	6.8%	37.8%	6.0%
中部	434	18.3%	25.4%	12.0%	39.9%	4.5%
西部	394	22.0%	29.5%	7.6%	36.6%	4.4%

(三)股票持有市值及投入情况

表5-13展示了2017年持股家庭的股票市值及投入情况。从全国来看，在持有股票的家庭中，初始投入总成本均值为149764元，中位数为65751元，而当前股票市值的均值为133093元，中位数为50000元。分城乡来看，城镇家庭的平均股票初始投入成本要高于农村家庭，前者为149476元，而后者为103788元；而农村家庭的当年股票收益均值大于城镇家庭的股票收益，前者为3430元，后者为2236元。

东部地区的家庭持有股票初始投入总成本及当前总市值的均值和中位数均依次高于中西部地区的家庭；而中部地区的家庭的当年股票收益依次高于东部地区和西部地区的家庭。无论从全国、城乡之间还是东中西部地区之间来看，当年的股票收益中位数都为0元。

表5-13　2017年持股家庭的股票市值及投入情况

(单位：元)

	均值			中位数		
	股票市值	初始投入成本	当年股票收益	股票市值	初始投入成本	当年股票收益
全国	133093	148764	2255	50000	65751	0
城镇	134338	149476	2236	50000	70000	0
农村	54398	103788	3430	20000	21127	0
东部	154458	159381	1922	56000	70000	0
中部	109203	152369	4838	50000	61639	0
西部	82554	102868	106	43391	53000	0

(说明：初始投入成本是指对2017年持有股票的初始投入。)

如图 5-16 持股家庭 2017 年的炒股盈亏状况所示，2017 年持股家庭中，盈利的家庭占总体的 20%，股票亏损和盈亏平衡的家庭占 80%。其中，盈利 0%～10%的家庭占总体的 7.9%，盈利 10%～20%的占总体的 6.5%；盈亏平衡的占总体的 19.9%，亏损 0%～30%的占总体的 31.7%，亏损大于 30%占总体的 28.4%。

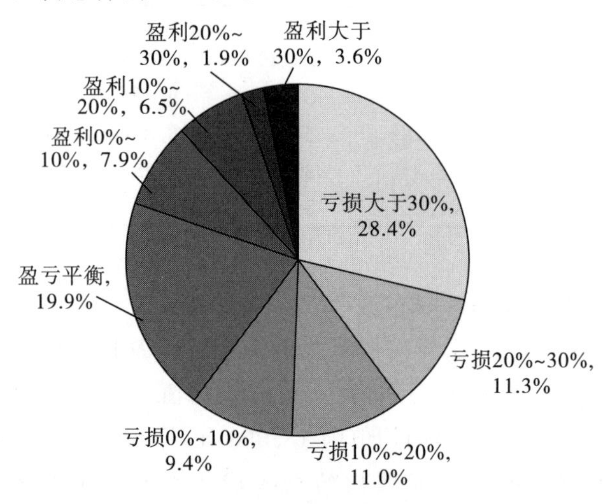

图 5-16　持股家庭 2017 年的炒股盈亏状况

(四)其他方面

非公开交易股票，是指上市公司非公开发行的股票，一般针对特定投资者。根据 CHFS 调查数据显示，如图 5-17 持股家庭中持有非公开交易股票的家庭占比所示，持有非公开交易股票的家庭占比为所有持股家庭的 2.7%。

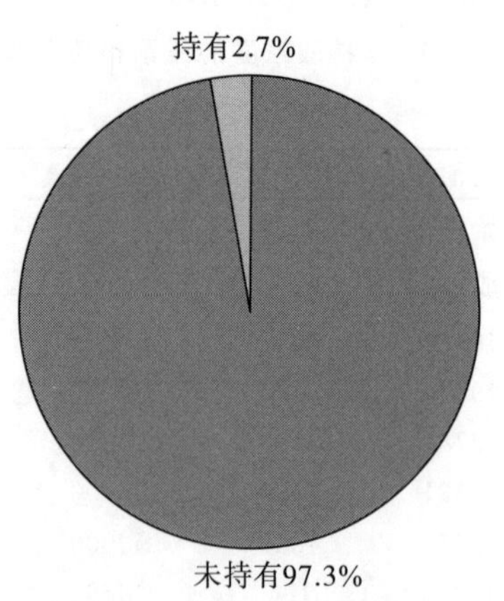

图 5-17　持股家庭中持有非公开交易股票的家庭占比

表 5-14 展示了 2017 年持股家庭的炒股负债情况。全国范围内持股家庭负债的比例为 1.6%，其中，城镇持股家庭占比为 1.7%，农村持股家庭占比为 1.0%。东中西部地区之间，中部地区持股家庭的负债比例最高，为2.9%，西部地区持股家庭的负债比例最低，为 1.0%。

表 5-14　2017 年持股家庭的炒股负债情况

	股票负债家庭
全国	1.6%
城镇	1.7%
农村	1.0%
东部	1.4%
中部	2.9%
西部	1.0%

第三节　基金

一、账户拥有比率

(一)账户开通率

我国居民通过购买基金进行金融理财的比例较低，从表 5-15 家庭的基金持有率可知，全国家庭在 2017 年持有基金的比例为 2.7%。分城乡来看，城镇家庭持有基金比例为 3.7%，远高于农村家庭的持有比例 0.1%。分地区来看，东部地区持有率最高，为 3.7%；其次是西部地区，其家庭基金持有率为 2.3%；最后是中部地区，其家庭基金持有率为 1.6%。

表 5-15　家庭的基金持有率

	基金拥有比例
全国	2.7%
城镇	3.7%
农村	0.1%
东部	3.7%
中部	1.6%
西部	2.3%

图 5-18 分析了户主年龄与家庭持有基金的关系。年龄越低的户主其家庭持有基金的比例就越高。16～30 周岁的户主，其家庭持有基金比例

最高,为 4.7%;其次是 31～45 周岁户主的家庭,其持有基金比例为3.6%;46～60 周岁的户主,其家庭持有基金比例为 2.6%;最后是 61 周岁及以上户主的家庭,其持有基金比例最低,为 2.0%。

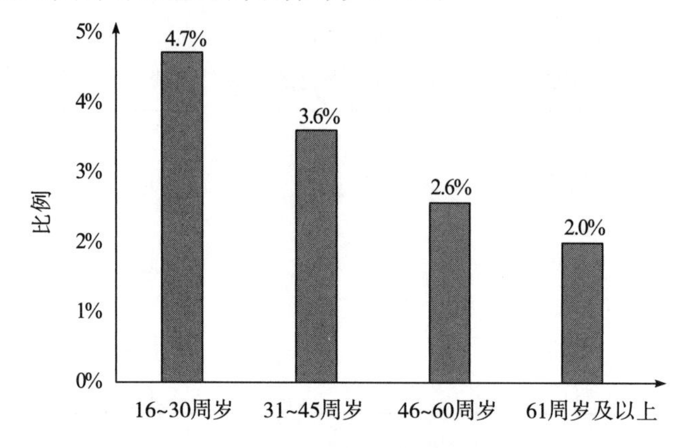

图 5-18　户主年龄与家庭持有基金比例

图 5-19 分析了户主学历与家庭持有基金比例的关系,户主学历对家庭持有基金的影响为正向的,即户主受教育程度越高,家庭持有基金比例就越高。其中,没上过学和小学学历的户主,其家庭持有基金比例分别为 0.4%和 0.3%;初中学历和高中/职高学历的户主,其家庭持有基金比例分别为 1.4%和 3.4%;大专/高职学历和大学本科学历的户主,其家庭持有基金比例分别为 6.9%和 10.1%;研究生学历户主的家庭持有基金比例最高,为 16.2%。基金投资需要一定的知识基础。

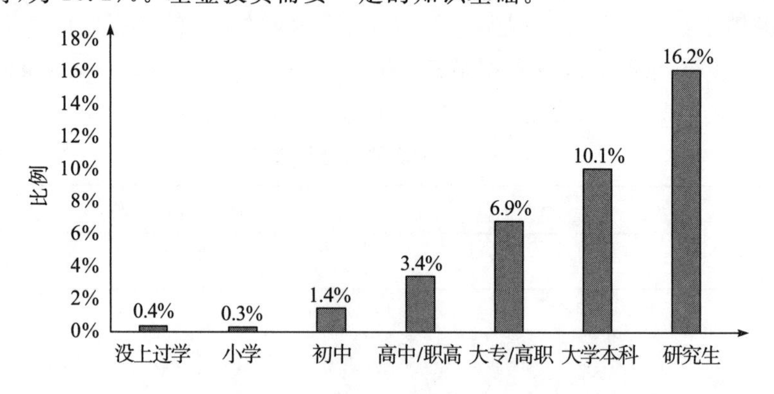

图 5-19　户主学历与家庭持有基金比例

(二)基金投资年限

图 5-20 展示了开始投资基金的时间分布。如图所示,2017 年持有基

金的家庭具备较长时间的基金投资经验，超过一半的家庭在 2010 年以前开始投资基金，其中，2006 年以前开始投资基金的占比为 20.5%，2007～2010 年开始投资基金的占比为 36.0%。此外，2011～2013 年开始投资基金的占比为 9.5%，2014～2015 年开始投资基金的占比为 14.7%，2016～2017 年开始投资基金的占比为 19.3%。

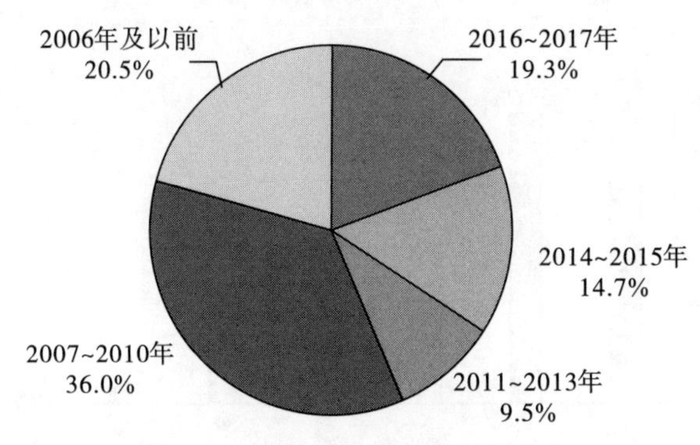

图 5-20　开始投资基金的时间分布

（三）未投资基金的原因分析

对于庞大的未购买基金人群，调查进一步询问未投资原因。表 5-16 描述了家庭未投资基金的原因，从全国来看，位居前三位的原因依次为没有相关知识(53.6%)、资金有限(21.4%)、没有时间/兴趣(15.1%)。无论在城镇家庭还是农村家庭中，没有相关知识是没有购买基金的首要原因，占比分别为47.1%和 69.4%。说明我国总体上，特别是农村家庭相关的金融知识较差，导致家庭对金融市场的参与度较低。具体数据见表 5-16。

表 5-16　家庭未投资基金的原因

	全国	城镇	农村
没有相关知识	53.6%	47.1%	69.4%
不会开户/开户麻烦	1.8%	1.5%	2.4%
基金风险高	5.1%	6.6%	1.6%
收益低	1.9%	2.5%	0.4%
资金有限	21.4%	23.0%	17.5%
没有时间/兴趣	15.1%	18.2%	7.4%
其他	1.1%	1.0%	1.3%

二、基金持有状况

(一)基金持有类型

细分基金类型,由图 5-21 家庭基金持有类型分布可知,受访者家庭投资股票型基金的偏好较高,为 31.9%;其次是混合型基金,为 28.6%;再次是货币市场基金的 16.2%和债券型基金的 16.0%。

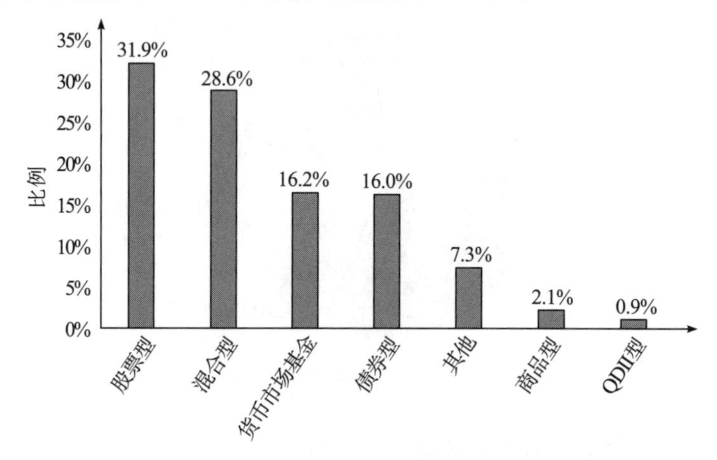

图 5-21 家庭基金持有类型分布

家庭在基金选择上相对股票更为集中,如图 5-22 所示,绝大多数家庭持有的基金类型为 1 种,占比达到了 84.1%。持 2 种类型基金的家庭占比为 9.4%,持 3 种类型基金的家庭占比为 4.2%,持 4 种及以上的家庭占比为 2.4%。

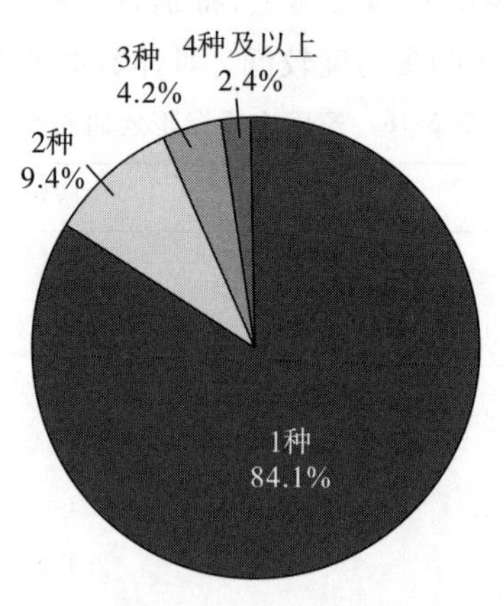

图 5-22 家庭持有的基金类型数分布

（二）基金市值及投入情况

表5-17展示了持有基金的家庭的基金成本与收益情况。从全国来看，平均初始投入总成本为98327元，当前总市值为94890元，平均基金收入为5437元。其中，东部地区基金收益的均值为7328元，中部地区为4228元，西部地区为1000元。分城乡来看，基金收益的中位数均为0元；东部地区的基金收益中位数均为466元，中部地区和西部地区的中位数为0元。可见，基金持有者之间存在较大的差异。

表5-17　2017年拥有基金家庭的基金市值及投入情况

（单位：元）

	均值			中位数		
	基金市值	初始投入成本	当年基金收益	基金市值	初始投入成本	当年基金收益
全国	94890	98327	5437	30000	35000	0
城镇	95267	98794	5445	30000	35000	0
农村	63762	59756	4784	30000	35000	0
东部	111170	114933	7328	35000	40000	466
中部	82178	86328	4228	40000	40000	0
西部	58701	60515	1000	20000	25000	0

（说明：初始投入成本是指对2017年持有基金的初始投入。）

（三）基金收益状况

图5-23分析了持有基金家庭在2017年的基金盈亏状况，如图所示，相较于股票投资，基金整体带来正回报的概率更大，风险更小。亏损和盈亏平衡的家庭占总体的比例为62.7%，盈利的家庭占比为37.3%。其中，盈亏平衡的家庭占总体的19.2%，亏损小于30%的家庭占总体的24.0%，

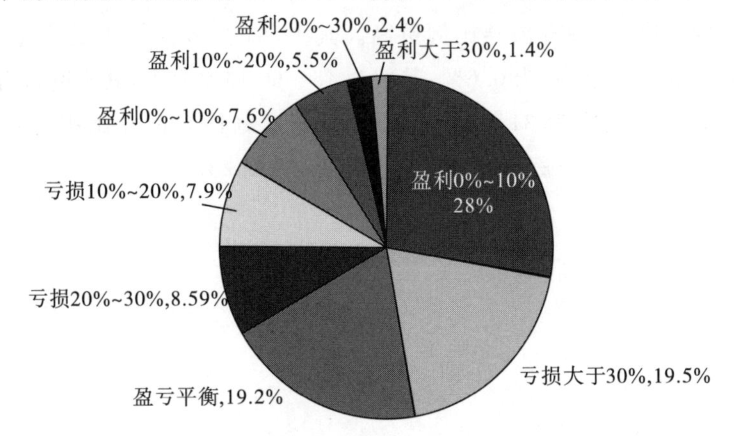

图5-23　持有基金家庭在2017年的基金盈亏状况

亏损大于30%的家庭占19.5%。盈利0%～10%的家庭占总体的28.0%,盈利10%～20%的家庭占总体的28.0%,盈利20%～30%的家庭占总体的2.4%,盈利大于30%的家庭占总体的1.4%。

第四节　债券

一、账户拥有比率

(一)账户开通率

表5-18展示了家庭的债券持有率,2017年全国家庭持有债券的比例整体处于较低的水平,为0.4%。分城乡来看,城镇家庭持有债券的比例为0.6%;农村家庭持有债券的比例为0.1%。分地区来看,东部地区家庭持有债券的比例为0.6%;中部地区家庭持有债券的比例为0.4%;西部地区家庭持有债券的比例为0.2%,东部地区显著高于西部地区。

表5-18　家庭的债券持有率

	债券拥有比例
全国	0.4%
城镇	0.6%
农村	0.1%
东部	0.6%
中部	0.4%
西部	0.2%

图5-24分析了户主年龄与家庭持有债券比例的关系,如图所示,户主年龄高的家庭,其持有债券比例更高。其中,61周岁及以上的户主,其家庭持有债券比例最高,为0.6%;其次为46～60周岁户主,其家庭持有债券比例为0.4%;再次为31～45周岁户主,其家庭持有债券比例为0.3%;16～30周岁户主的家庭持有债券比例最低,为0.2%。

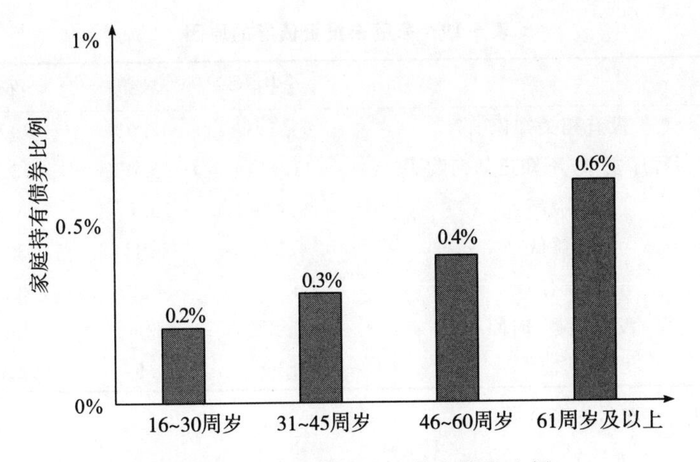

图 5-24　户主年龄与家庭持有债券比例

图 5-25 展示了户主学历与家庭持有债券比例的关系，学历越高的户主，其家庭持有债券比例就越高。一是户主为研究生学历的家庭持有债券比例最高，为 2.3%；二是户主为大学本科学历的家庭，其家庭持有债券比例为 1.3%；三是户主为大专/高职和高中/职高学历的户主，其家庭持有债券比例均为 0.6%；四是户主为小学和初中学历的家庭，其持有债券比例均为 0.3%；五是户主没上过学的家庭，其家庭持有债券比例为 0.01%。

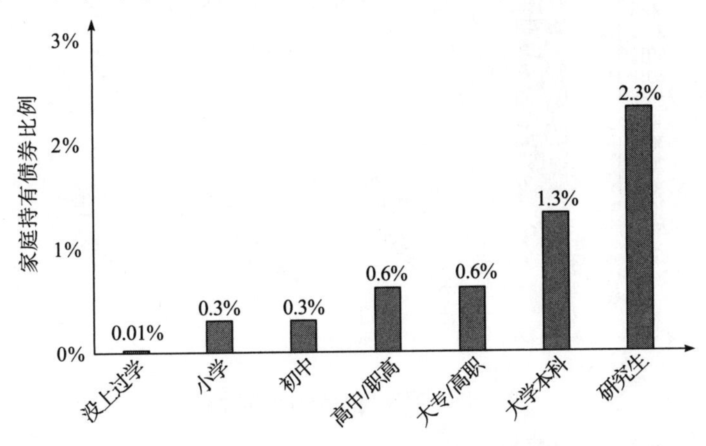

图 5-25　户主学历与家庭持有债券比例

(二)未投资债券的原因分析

表 5-19 描述了家庭未投资债券的原因。从全国来看，没有相关知识(64.1%)、资金有限(34.5%)和没有兴趣/时间(29.2%)为阻碍居民进行债券投资的三大主要因素。

表 5-19　家庭未投资债券的原因

	全国	城镇	农村
没有相关知识	64.1%	57.9%	79.6%
购买程序复杂/不知道如何购买	11.5%	10.0%	15.1%
风险高	9.4%	10.7%	6.1%
收益低	4.8%	5.4%	3.3%
资金有限	34.5%	36.2%	30.3%
没有兴趣/时间	29.2%	32.6%	20.9%
其他	2.1%	1.9%	2.5%

(说明:本题目为多选题。)

二、债券持有状况

(一)债券持有类型

图 5-26 展示了债券的细分种类,在持有债券的家庭中,87.1%的家庭持有国库券,7.2%的家庭持有公司/企业债券,4.9%的家庭持有金融债券,0.8%的家庭持有其他债券。债券投资者更加偏好低风险的国债。

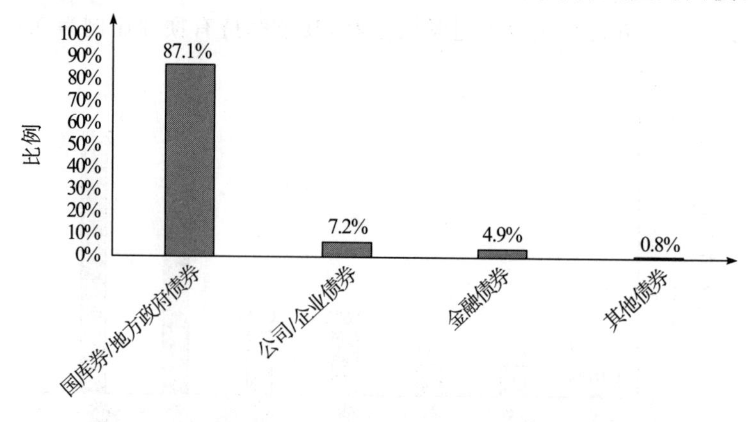

图 5-26　家庭债券持有类型分布

(说明:本题目为多选题。)

(二)债券市值及收益情况

表 5-20 统计了 2017 年拥有债券家庭的债券市值及收益情况,2017 年我国家庭持有的债券当前总市值均值为 124149 元,债券市值中位数为 50000 元;当年债券收入均值为 4138 元,中位数为 8 元,均值和中位数的巨大差异说明债券市场参与者的投资额和收益存在巨大差异,大部分参与者

债券收入较低。城乡之间的家庭债券市值及收益差异明显:其中城镇中拥有债券家庭的债券市值均值为 129821 元,而农村拥有债券家庭的债券市值为 20578 元,城镇家庭所拥有的债券市值远高于农村家庭。

分地区看,东部地区持有债券的收入最高,均值为 5745 元,中位数为 1000 元;西部地区次之,中部地区最低,其均值为 1424 元,中位数为 0 元。

表 5-20　2017 年拥有债券家庭的债券市值及收益情况

(单位:元)

	均值		中位数	
	债券市值	当年债券收益	债券市值	当年债券收益
全国	124149	4138	50000	8
城镇	129821	4260	50000	60
农村	20578	1780	12376	0
东部	146501	5745	50000	1000
中部	82993	1424	60000	0
西部	86901	1688	50000	0

第五节　理财产品

一、理财产品拥有比率

(一)理财产品拥有率

表 5-21 展示了家庭的理财产品持有率。如表所示,2017 年我国持有互联网理财产品家庭的比例为 7.5%,持有金融理财产品家庭的比例为 3.5%。分城乡看,城镇家庭持有互联网理财产品比例高达 9.7%,而农村家庭持有互联网理财产品的比例仅为 1.9%;城镇家庭持有金融理财产品比例为 4.8%,而农村家庭持有金融理财产品的比例为 0.3%。综上,城镇家庭的理财产品持有率,相较于农村家庭的更高,同时更偏好互联网理财产品。分地区看,东部地区的家庭持有互联网理财产品比例和金融理财产品的比例均为最高,分别为 10.0%和 5.0%。

表 5-21 家庭的理财产品持有率

	互联网理财产品持有率	金融理财产品持有率
全国	7.5%	3.5%
城镇	9.7%	4.8%
农村	1.9%	0.3%
东部	10.0%	5.0%
中部	5.7%	2.4%
西部	5.3%	2.4%

如表5-22家庭理财产品的持有状况所示，全国范围内持有理财产品的家庭占比为9.2%。其中，仅持有互联网理财产品的家庭占比为6.6%，仅持有金融理财产品的家庭占比为2.6%。综上，绝大多数的家庭(89.9%)未持有任何理财产品，而持有理财产品的家庭中，仅有少数家庭(0.9%)同时持有互联网和金融两种理财产品，多数家庭仅持有其中的一种。

表 5-22 家庭理财产品的持有状况

	家庭占比
仅持有互联网理财产品	6.6%
仅持有金融理财产品	2.6%
持有两者	0.9%
均未持有	89.9%

理财偏好具备年龄异质性，图5-27分析了户主年龄与家庭理财产品持有比例的关系。如图所示，互联网理财产品的持有率与年龄段呈现相反

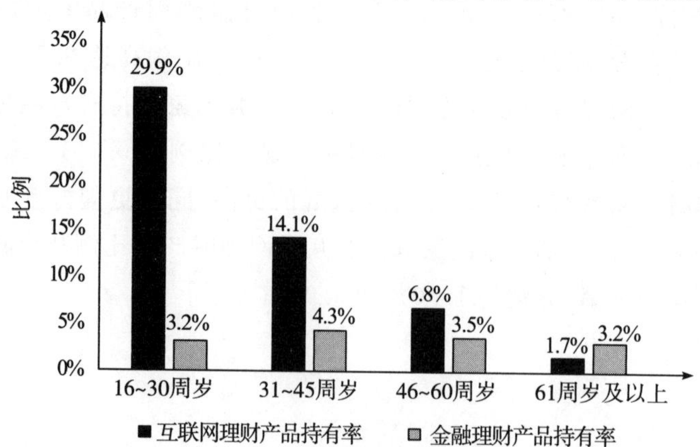

图 5-27 户主年龄与家庭理财产品持有比例

的关系，金融理财产品的持有率在各个年龄段差别不大。对于互联网理财产品持有者来说，第一，16～30周岁的互联网理财产品持有率最高，为29.9%；第二，31～45周岁的互联网理财产品持有率为14.1%；第三，46～60周岁的互联网理财产品持有率为6.8%；第四，互联网理财产品持有率最低的是61周岁及以上的年龄段，其持有率为1.7%。对于金融理财产品持有者来说，持有率最高的年龄段为31～45周岁，其持有率为4.3%；其他年龄段的金融理财产品持有率在3.2%～3.5%。年龄对互联网理财产品持有偏好的影响明显高于金融理财产品持有偏好。

图5-28分析了户主学历与家庭理财产品持有比例的关系。如图所示，随着户主受教育程度的升高，各类家庭理财产品的持有率都在上升。第一，持有率最高的为研究生学历，其家庭互联网理财产品持有率为37.4%，金融理财产品持有率为15.8%；第二，大学本科学历的家庭，其互联网理财产品持有率为26.6%，金融理财产品持有率为11.6%；第三，大专/高职学历的家庭，其互联网理财产品持有率为18.4%，金融理财产品持有率为8.7%；第四，高中/职高学历户主的家庭，其互联网理财产品持有率为8.6%，金融理财产品持有率为4.6%；第五，持有率最低的组为没上过学的户主家庭，其互联网理财产品持有率为0.9%，金融理财产品持有率为0.1%。随着户主学历水平的提高，受访者家庭投资于互联网理财与金融理财的比例差距越大，说明互联网理财持有比例对学历变化程度的弹性越大。

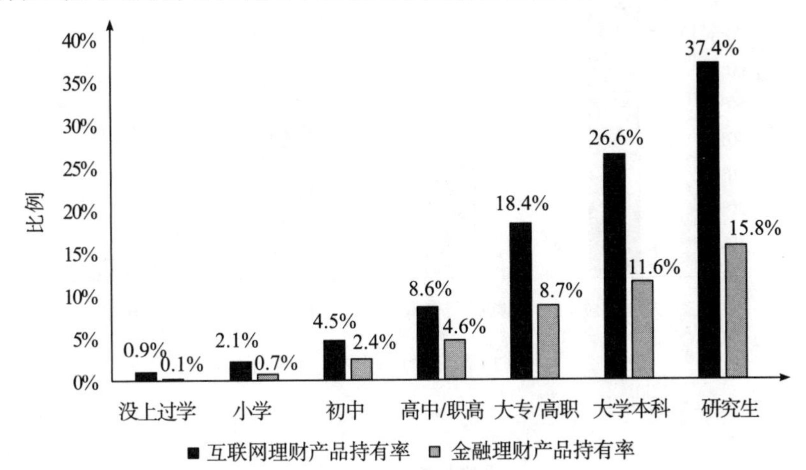

图5-28　户主学历与家庭理财产品持有比例

（二）未持有理财产品的原因分析

表5-23展示了家庭未持有理财产品的原因分布。家庭未持有互联网理财

产品最主要的三个原因分别是:没有相关知识(69.6%)、没有兴趣(29.8%)和购买程序复杂/不知道如何购买(13.4%)。而家庭未持有金融理财产品最主要的三个原因分别是:没有相关知识(64.7%)、没兴趣(34.2%)和存在网络安全问题(27.7%)。金融知识显著影响理财方式的选择。

表 5-23 家庭未持有理财产品的原因分布

	未持有互联网理财产品原因	未持有金融理财产品原因
没有相关知识	69.6%	64.7%
购买程序复杂/不知道如何购买	13.4%	11.6%
产品风险高	9.9%	10.9%
收益低	5.6%	4.8%
没兴趣	29.8%	34.2%
存在网络安全问题	9.1%	27.7%
其他	9.2%	2.1%

(说明:本题目为多选题。)

(三)持有互联网理财产品的原因分析

图 5-29 描述了家庭持有互联网理财产品的原因。根据调查,家庭持有互联网理财产品的主要原因为方便转账(85.6%),其次是有收益(48.2%),再次是购买门槛低(28.2%)。

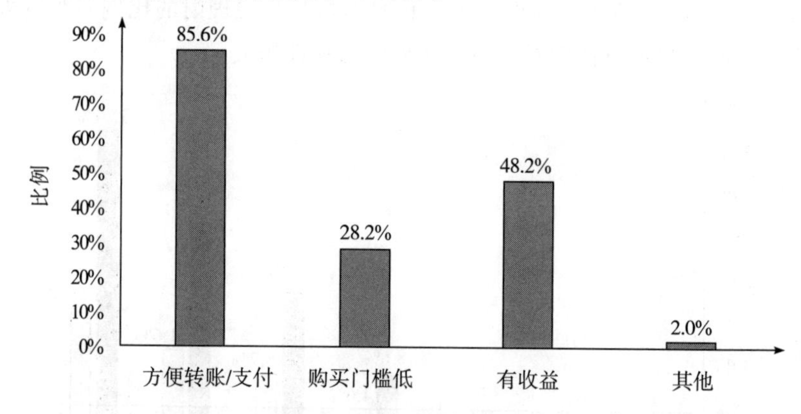

图 5-29 家庭持有互联网理财产品的原因分析

(说明:本题目为多选题。)

二、理财产品持有状况

(一)金融理财产品的购买渠道

金融理财产品的购买渠道主要包含银行机构、保险机构、证券机构、基金机构等。图 5-30 展示了家庭购买金融理财产品的渠道。如图所示，银行机构为金融理财产品的主要销售渠道，83.6%的家庭通过银行购买金融理财产品。除了银行，保险公司的理财型产品也较为受欢迎，占家庭购买金融理财产品机构的 13.6%。证券机构与基金机构的市场能力较为薄弱，仅占比 2.1%与 1.5%。

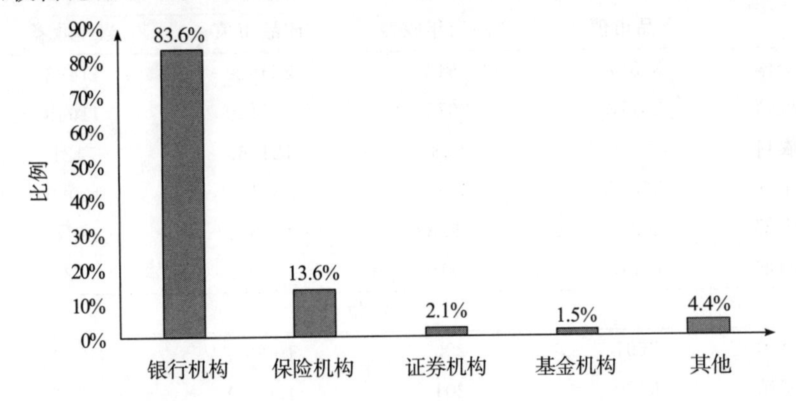

图 5-30　家庭购买金融理财产品的机构

（说明：本题目为多选题。）

（二）理财产品的持有市值及收益

表 5-24 展示了 2017 年持有理财产品家庭的理财产品市值及收益情况，互联网理财产品的持有比例虽高于金融理财产品，但持有金额远低于金融理财持有金额。具体来说，全国互联网理财产品的市值的均值为 31327 元，中位数为 7601 元；金融理财产品的市值的均值为 224620 元，中位数为 100000 元。互联网理财产品的当年收益的均值为 2543 元，中位数为 200 元；金融理财产品的当年收益的均值为 11493 元，中位数为 4000 元。

分城乡看，城镇互联网理财产品市值的均值为 33178 元，互联网理财产品当年收益为 2675 元，农村互联网理财产品的市值均值为 7253 元，当年收益的均值为 828 元。城镇金融理财产品市值的均值为 227130 元，金融理财产品当年收益为 11648 元，农村金融理财产品的市值均值为 121469 元，当年收益的均值为 5121 元。

分地区看，无论是互联网理财产品的市值还是当年收益，东部地区的均值和中位数都依次高于中部地区和西部地区；同样，无论从金融理财产品的市值还是当年收益来看，东部地区的均值依次高于中部地区和西部地区，东部地区的中位数高于中部地区和西部地区，中部地区和西部地区的中位数持平。

表 5-24 2017 年持有理财产品家庭的理财产品市值及收益情况

(单位:元)

	互联网理财产品市值	互联网理财产品当年收益	金融理财产品市值	金融理财产品当年收益
均值				
全国	31327	2543	224620	11493
城镇	33178	2675	227130	11648
农村	7253	828	121469	5121
东部	36695	3232	262198	13080
中部	26879	1933	181811	9618
西部	19715	1110	138049	7925
中位数				
全国	7601	200	100000	4000
城镇	9400	201	100000	4204
农村	2000	70	50000	2000
东部	10000	300	132206	5000
中部	5500	159	100000	3000
西部	4220	100	100000	3000

(说明:互联网理财产品的市值及收入仅针对 2017 年持有互联网理财产品的家庭,同理,金融理财产品的市值及收入仅针对 2017 年持有金融理财产品的家庭。)

图 5-31 分析了户主年龄与家庭理财产品市值的关系,呈现先上升,后下降的趋势。如图所示,46～60 周岁年龄段的户主家庭理财产品市值最高,其中,互联网理财产品市值为 37390 元,金融理财产品市值为 241539 元;其次是 61 周岁及以上户主,其家庭互联网理财产品市值为 23631 元,金融理财产品市值为 232805 元;再次是 31～45 周岁的户主,其家庭互联网理财产品市值为 31601 元,金融理财产品市值为 195006 元;最后是 16～30 周岁户主的家庭,其互联网理财产品市值为 23121 元,金融理财产品市值为 193291 元。

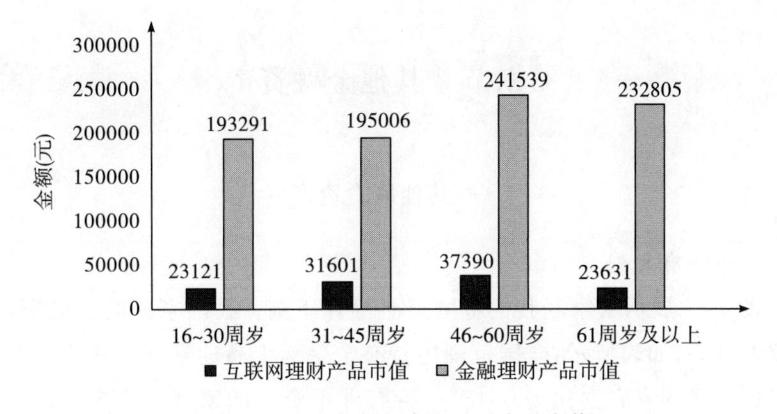

图 5-31　户主年龄与家庭理财产品市值

图 5-32 分析了户主学历与家庭理财产品市值的关系。如图所示，随着户主学历的升高，除去大专/高职学历，总体上其家庭理财产品市值在上升。其中，家庭理财产品市值最高的是户主为研究生学历的家庭，其互联网理财产品市值为 61070 元，其金融理财产品市值为 313807 元；其次是户主为大学本科学历的家庭，其互联网理财产品市值为 43102 元，其金融理财产品市值为 293612 元；再次是户主为高中/职高学历的家庭，其互联网理财产品市值为 34236 元，其金融理财产品市值为 225594 元；然后是户主为大专/高职学历的家庭，其互联网理财产品市值为 27068 元，其金融理财产品市值为 190250 元；家庭理财产品市值最低的是户主为没上过学的家庭，其互联网理财产品市值为 7938 元，其金融理财产品市值为 103485 元。

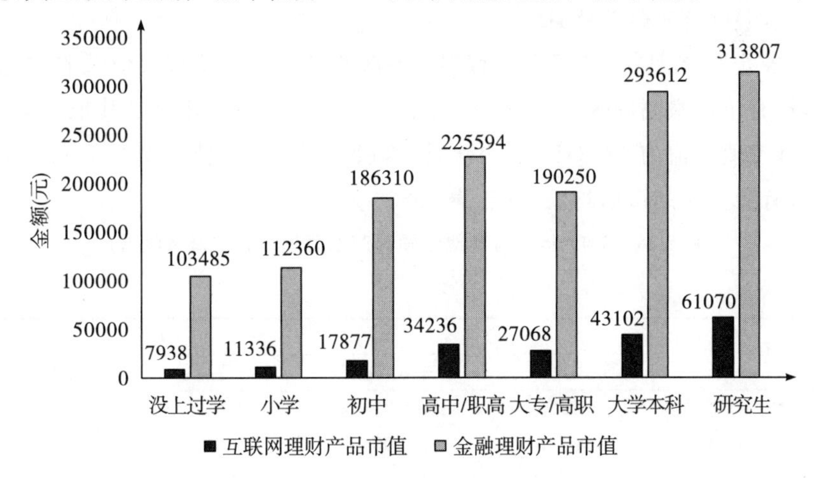

图 5-32　户主学历与家庭理财产品市值

第六节 其他金融资产

一、其他风险资产

(一)持有比例

表5-25展示了家庭其他金融资产持有比例。我国家庭的金融资产配置较为单一,如表所示,全国范围内持有金融衍生品的家庭占比为0.05%,持有贵金属的家庭占比为0.43%,持有外币资产的家庭占比为0.14%,持有其他金融资产的家庭占比为0.06%。从城乡上来看,城镇家庭在各类其他金融资产的持有比例都远高于农村家庭。从东中西部地区来看,东部地区家庭持有各类其他金融资产比例高于中部地区和西部地区的家庭。

表5-25 家庭其他金融资产持有比例

	金融衍生品	贵金属	外币资产	其他金融资产
全国	0.05%	0.43%	0.14%	0.06%
城镇	0.07%	0.53%	0.19%	0.08%
农村	—	0.17%	0.04%	0.004%
东部	0.06%	0.59%	0.24%	0.10%
中部	0.03%	0.33%	0.08%	0.04%
西部	0.06%	0.25%	0.05%	0.02%

(二)持有市值及收益

表5-26统计了2017年持有其他金融资产家庭的持有市值及收益,其中,持有市值最高的为外币资产,其均值为144754元;其次是其他金融资产,其市值均值为136315元;再次是金融衍生品,其市值均值为71923元;而持有贵金属的市值均值最低,为50838元。

表5-26 2017年持有其他金融资产家庭的持有市值及收益

(单位:元)

	市值		收益	
	均值	中位数	均值	中位数
金融衍生品	71923	30000	4378	0
贵金属	50838	20000	5328	0
外币资产	144754	10000	43316	0
其他金融资产	136315	60000	13720	0

(说明:仅针对持有相应金融资产的家庭。)

二、手持现金及借出款

(一)借出款持有比例

借出款是指家庭借钱给家庭成员以外的人或机构，是家庭资产中的应收账款。表5-27的家庭借出款比例显示，全国17.03%的家庭有借出款，有网络平台借出款家庭占0.27%。分城乡看，城镇家庭有借出款的比例为18.82%，农村家庭有借出款的比例为12.54%，低于城镇家庭6.28%。分地区看，东部地区有借出款的比例最高，为18.09%，中部地区为16.24%，西部地区为16.17%。

表5-27　家庭借出款比例

	借出款	网络平台借出
全国	17.03%	0.27%
城镇	18.82%	0.37%
农村	12.54%	0.02%
东部	18.09%	0.38%
中部	16.24%	0.15%
西部	16.17%	0.24%

(二)现金和借出款额度

表5-28分析了家庭手持现金和借出款额度的情况，可以看到，2017年全国家庭持有的现金均值为5827元，中位数为1200元；其中，城镇家庭持有的现金均值为6814元，中位数为1200元，农村家庭持有的现金均值为3354元，中位数为1000元，低于城镇家庭。全国家庭借出款额度均值为85993元，中位数为20000元；其中，城镇家庭借出款额度均值为96512元，中位数为27727元，农村家庭借出款额度均值为46422元，中位数为16000元，也低于城镇家庭。

分地区看，东部地区家庭持有现金均值为7663元，中位数为2000元；中部地区家庭持有现金均值为4572元，中位数为1000元；西部地区家庭均值为4200元，中位数为1000元。可见，由东部地区至西部地区，家庭持有现金的均值呈现出逐渐减少的趋势。

表 5-28 家庭手持现金和借出款额度

(单位:元)

	均值		中位数	
	现金	借出款额度	现金	借出款额度
全国	5827	85993	1200	20000
城镇	6814	96512	1800	27727
农村	3354	46422	1000	16000
东部	7663	100990	2000	29336
中部	4572	73323	1000	20000
西部	4200	72747	1000	20000

(说明:对于借出款额度仅计算有借出款的家庭。)

CHFS交叉分析有应收账款的家庭的手里现金的充足程度,图5-33展示了家庭有无借出款与家庭手持现金额度。如图所示,有借出款的家庭手持现金额度均值为11138元,中位数为2463元;而没有借出款的家庭手持现金额度均值为4737元,中位数为1000元。由此可看出,有借出款家庭的手持现金额度更高。因此,有余力进行资金外借的家庭同时也具备较高的偏好持有流动性强的现金资产。

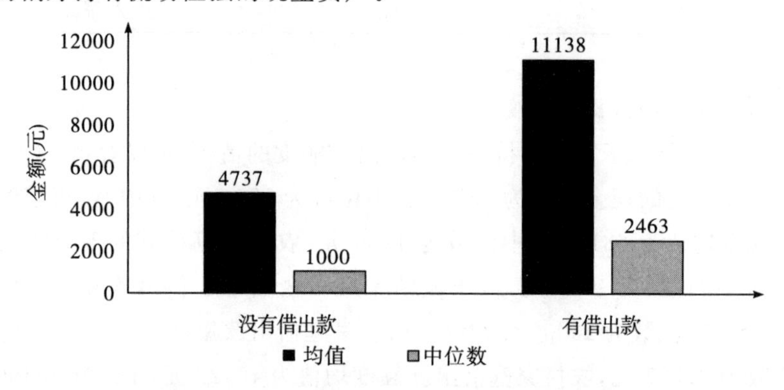

图 5-33 家庭有无借出款与家庭手持现金额度

图5-34分析了户主年龄与家庭手持现金及借出款额度的关系。户主年龄为46～60周岁的家庭拥有借出款金额最高,且这一借款额随户主年龄的减少而逐次减少。具体看,户主年龄在46～60周岁的家庭借出款为98379元;户主年龄在31～45周岁和61周岁的家庭的借出款金额分别为84496元和70471元;户主年龄为16～30周岁的家庭借出款金额最低,为66695元。这一趋势,可能与年龄对风险态度以及理财计划有关。

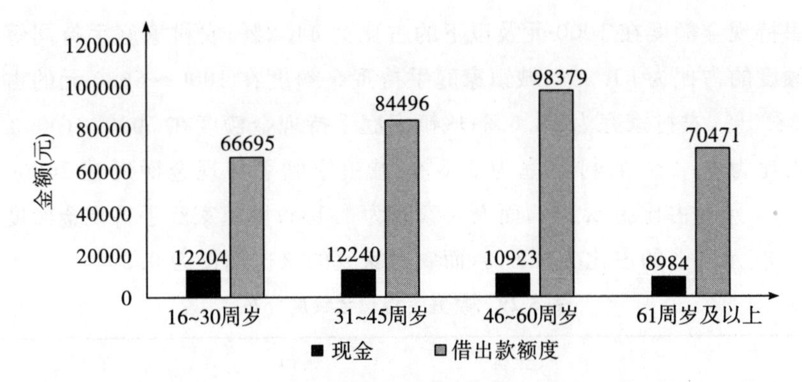

图 5-34　户主年龄与家庭手持现金及借出款额度

（说明：现金余额及借出款额度均仅计算有借出款的家庭。）

图 5-35 分析了户主学历与家庭手持现金及借出款额度的关系，家庭借出款额度随着学历的上升，呈先上升后下降的趋势。家庭借出款额度的拐点在大专/高职学历，即大专/高职学历以下的户主家庭借出款额度逐步上升，大专/高职学历以上的户主家庭借出款额度逐步下降。户主为没上过学的家庭其借出款额度为 32734 元，户主为小学学历的家庭其借出款额度为 60639 元，户主为初中和高中/职高的家庭其借出款额度分别为 63107 元和 92898 元，户主为大专/高职学历的家庭其借出款额度最高，为 152793 元，户主为大学本科和研究生学历的家庭其借出款额度分别为 108711 元和 100960 元。

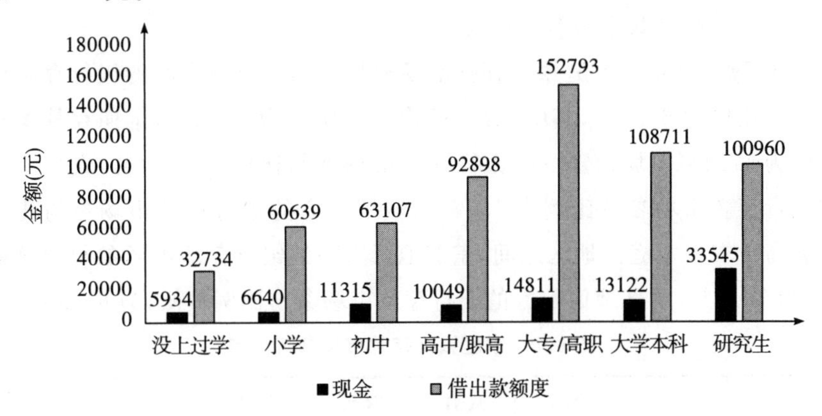

图 5-35　户主学历与家庭手持现金及借出款额度

（说明：现金余额及借出款额度均仅计算有借出款的家庭。）

表 5-29 是对家庭手持现金额度分布的描述，可以看到，2017 年全国大部分家庭持有的现金额度在 1000 元及以下，占比为 49.1%。其中，城镇家

庭手持现金额度在1000元及以下的占比为44.2%,农村家庭手持同等现金额度的占比为61.3%;城镇家庭手持现金额度在1000～5000元的占比为38.0%,农村家庭为28.6%;城镇家庭手持现金额度在5000～10000元的占比为9.2%,农村家庭为5.8%;城镇家庭手持现金额度在10000～100000元的占比为8.1%,而农村家庭为4.1%;城镇家庭手持现金额度在100000元以上的占比为0.6%,而农村家庭的该比例仅为0.2%。

表5-29　家庭手持现金额度分布

	全国	城镇	农村
1000元及以下	49.1%	44.2%	61.3%
1000～5000元	35.3%	38.0%	28.6%
5000～10000元	8.3%	9.2%	5.8%
10000～50000元	5.9%	6.9%	3.5%
50000～100000元	1.0%	1.2%	0.6%
100000元以上	0.5%	0.6%	0.2%

第七节　金融市场参与比例及金融资产配置

一、金融市场参与比例

(一)银行存款市场参与比例

表5-30展示了家庭银行存款市场参与比例。全国家庭的银行存款市场参与比例为66.2%,其中,活期存款参与比例为62.2%,定期存款参与比例为17.4%。城镇家庭的银行存款市场参与比例为70.4%,农村家庭的银行存款市场参与比例为55.7%,城镇家庭的银行存款市场参与比例显著高于农村家庭。地区之间,东部地区家庭的银行存款市场参与比例最高,为70.7%,中部地区家庭的银行存款市场参与比例最低,为61.8%。

表5-30　家庭银行存款市场参与比例

	全国	城镇	农村	东部	中部	西部
银行存款市场总体	66.2%	70.4%	55.7%	70.7%	61.8%	63.9%
活期存款	62.2%	66.1%	52.6%	65.3%	58.7%	61.5%
定期存款	17.4%	20.1%	10.7%	22.6%	14.6%	12.0%

（二）正规风险市场参与比例

对正规风险金融市场的参与，主要指的是家庭是否持有股票、基金、债券、互联网理财产品、金融理财产品、金融衍生品、贵金属和外币资产这八类风险金融产品。从表 5-31 展示的家庭正规风险市场参与比例可知，全国正规风险市场总体的家庭参与比例为 14.5%，其中，城镇家庭的参与比例为 19.3%，而农村家庭的参与比例仅为 2.6%，城乡差距明显。城镇的家庭参与率最高两项正规风险金融产品为互联网理财产品（9.7%）和股票（8.3%）；农村家庭参与率最高的两项正规风险金融产品同为互联网理财产品（1.9%）和股票（0.4%）。

从东中西部地区来看，地区之间的家庭正规风险市场的参与比例也存在显著差异。东部地区家庭参与正规风险市场比例最高，为 19.6%；中部地区和西部地区家庭参与正规风险市场比例均为 10.6%。

表 5-31　家庭正规风险市场参与比例

	全国	城镇	农村	东部	中部	西部
正规风险市场总体	14.5%	19.3%	2.6%	19.6%	10.6%	10.6%
股票	6.0%	8.3%	0.4%	8.7%	4.1%	3.8%
基金	2.7%	3.7%	0.1%	3.7%	1.6%	2.3%
债券	0.4%	0.6%	0.1%	0.6%	0.4%	0.2%
互联网理财产品	7.5%	9.7%	1.9%	10.0%	5.7%	5.3%
金融理财产品	3.5%	4.8%	0.3%	5.0%	2.4%	2.4%
金融衍生品	0.05%	0.07%	—	0.06%	0.03%	0.06%
贵金属	0.43%	0.53%	0.17%	0.59%	0.33%	0.25%
外币资产	0.14%	0.19%	0.04%	0.24%	0.08%	0.05%
其他金融资产	0.06%	0.08%	0.00%	0.10%	0.04%	0.02%

图 5-36 显示了户主年龄对银行存款市场与风险市场总体参与率的影响，家庭对正规风险金融市场的参与随着年龄的增加而呈现出下降的趋势。户主为 16～30 周岁的家庭，其风险市场参与率最高，为 34.1%，其银行存款市场参与率为 72.1%。其次为户主年龄在 31～45 周岁的家庭，其风险市场参与率为 22.1%，其银行存款市场参与率最高，为 74.4%。户主为 46～60 周岁的家庭，其风险市场参与率为 13.9%，其银行存款市场参与率为 66.3%。户主在 61 周岁及以上的家庭，其风险市场参与率最低，为 8.5%，其银行存款市场参与率为 60.8%。

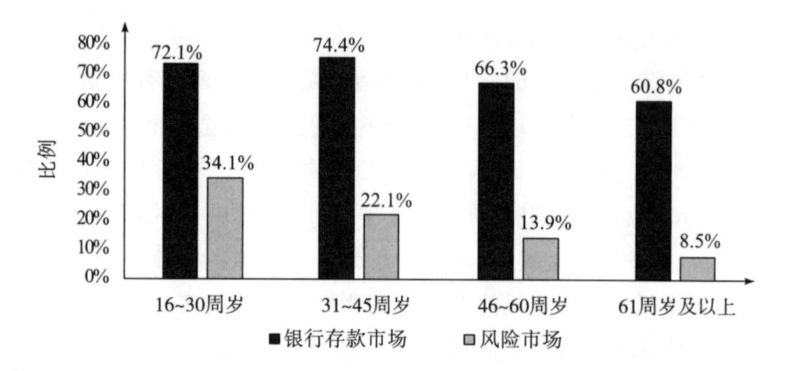

图 5-36　户主年龄与家庭银行存款市场及风险市场参与

图 5-37 显示了户主学历对风险市场总体参与率的影响。随着户主学历的增加,不管是银行存款市场还是风险市场,家庭风险市场总体参与率不断增加。户主没有上过学的家庭,银行存款市场参与率仅为 38.7%,风险市场参与率仅为 1.7%;户主为小学学历的家庭,银行存款市场参与率为 55.5%,风险市场参与率为 3.8%;户主为初中学历的家庭银行存款市场参与率为 67.2%,风险市场参与率为 9.7%;户主为高中/职高学历的银行存款市场参与率为 74.9%,风险市场参与率则升至 18.9%;户主为大专/高职和本科学历的家庭银行存款市场参与率分别为 80.7%和82.0%,其风险市场参与率分别为 35.1%和 44.4%;研究生对银行存款市场参与率为 91.0%,对金融正规风险市场的参与比例高达 60.0%,均为最高。这些数据表明,家庭拥有的金融知识和整体的金融素养是其参与金融市场的重要因素。

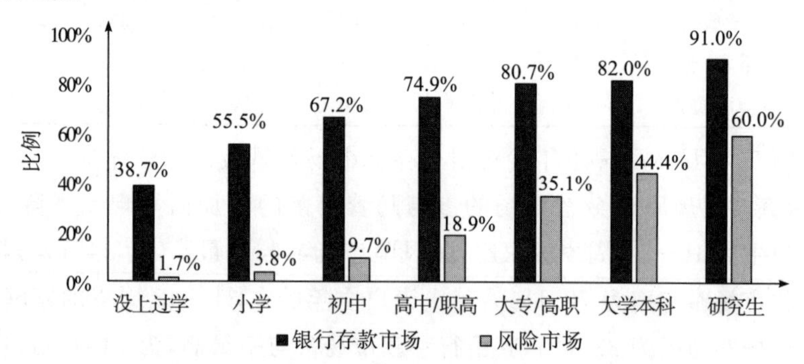

图 5-37　户主学历与家庭银行存款市场及风险市场参与

二、金融资产规模及结构

(一)金融资产规模

将金融资产划分为风险金融资产和无风险金融资产,其中,风险金融资产为股票、基金、理财、非人民币、黄金、债券(企业债券和金融债券)、衍生品等;无风险资产为存款、现金、债券(国债和政府债)等。表5-32展示了家庭风险资产和无风险资产规模,我国家庭金融资产均值为70762元,其中,无风险金融资产为58129元,风险金融资产为12633元,居民投资理财较为保守,更偏好无风险理财。分城乡看,城镇家庭的金融资产均值为89131元,约为农村家庭的4倍,其中,无风险资产的均值为71950元,风险资产均值为17181元。农村家庭的无风险资产均值为21681元,远高于风险资产的均值652元。分区域看,东部地区家庭的金融资产总额的均值为102422元,高于全国平均水平,约为中部地区和西部地区的2倍多,其中,无风险资产的均值为82199元,风险资产为20223元。整体来看,我国家庭的金融资产规模城镇高于农村、东部地区高于中西部地区,地区差异性显著。

表5-32　家庭风险资产和无风险资产规模

(单位:元)

	均值			中位数		
	无风险资产	风险资产	金融资产总额	无风险资产	风险资产	金融资产总额
全国	58129	12633	70762	10000	0	10000
城镇	71950	17181	89131	13739	0	15920
农村	21681	642	22323	3000	0	3000
东部	82199	20223	102422	15000	0	17820
中部	40314	7231	47545	6510	0	7000
西部	36758	5610	42367	5550	0	6000

(说明:仅计算有无风险资产或风险资产的家庭,即金融资产总额大于0的家庭。)

表5-33分析了户主年龄与家庭金融资产规模的关系。户主为31～45周岁的家庭,金融资产总额均值最高,为86388元,这部分家庭的金融实力最强。其次为户主年龄在16～31周岁与46～60周岁的家庭,总额分别为79234元与71552元。户主在61周岁及以上的家庭金融资产总额最少,仅为59756元。

表 5-33 户主年龄与家庭金融资产规模

(单位:元)

	均值	中位数
16～30 周岁	79234	20000
31～45 周岁	86388	18077
46～60 周岁	71552	10000
61 周岁及以上	59756	6000

(说明:仅计算有无风险资产或风险资产的家庭,即金融资产总额大于 0 的家庭。)

表 5-34 分析了户主学历与家庭金融资产规模的关系。随着户主学历提高,家庭金融资产规模在不断增加。户主没有上过学的家庭,金融资产规模的均值为 15833 元,中位数 1200 元;户主学历为高中/职高的家庭金融资产规模达到了 90503 元,中位数为 20000 元;户主学历为大学本科的家庭组金融资产规模均值为 197428 元,中位数为 60000 元;户主学历最高的研究生组家庭金融资产规模也是最高的,其均值为 309492 元,中位数为 101500 元。

表 5-34 户主学历与家庭金融资产规模

(单位:元)

	均值	中位数
没上过学	15833	1200
小学	27292	3000
初中	49963	8500
高中/职高	90503	20000
大专/高职	126311	40000
大学本科	197428	60000
研究生	309492	101500

(说明:仅计算有无风险资产或风险资产的家庭,即金融资产总额大于 0 的家庭。)

(二)金融资产配置

表 5-35 展示了家庭金融资产的配置。在全国家庭金融资产中,无风险资产占比为 82.1%,风险资产占比为 17.9%,家庭主要选择无风险资产。分城乡看,农村家庭的无风险资产占比为 97.1%,较城镇家庭无风险资产占比高约 16%。农村家庭的风险资产占比为 2.7%,较城镇家庭低 16%。分区域看,东部地区家庭的无风险资产占比最低,为 80.3%;而东部地区家庭的风险资产占比最高,为 19.7%。西部地区家庭的无风险资产占比最高,为86.8%,而其风险资产占比最低,为 13.2%。

表 5-35　家庭金融资产配置

	无风险资产占比	风险资产占比
全国	82.1%	17.9%
城镇	80.7%	19.3%
农村	97.1%	2.9%
东部	80.3%	19.7%
中部	84.8%	15.2%
西部	86.8%	13.2%

（说明：仅计算有无风险资产或风险资产的家庭，即金融资产总额大于 0 的家庭。）

表 5-36 分析了户主年龄与家庭金融资产配置的关系，随着户主年龄的增加，家庭风险资产的比重呈先上升后下降的趋势。户主年龄为 31～45 周岁的家庭风险资产占比最高，为 21.2%，户主年龄在 46～60 周岁的家庭，风险资产占比为 19.7%，户主年龄在 16～30 周岁的家庭，风险资产占比为 17.4%，户主年龄在 61 周岁以上的家庭，风险资产占比为 12.9%。

表 5-36　户主年龄与家庭金融资产配置

	无风险资产占比	风险资产占比
16～30 周岁	82.6%	17.4%
31～45 周岁	78.8%	21.2%
46～60 周岁	80.3%	19.7%
61 周岁及以上	87.1%	12.9%

（说明：仅计算有无风险资产或风险资产的家庭，即金融资产总额大于 0 的家庭。）

表 5-37 展示了户主学历与家庭金融资产配置的关系。随着户主学历的增加，家庭风险资产占总金融资产的比例不断增加。户主没有上过学的家庭风险资产占比最低，仅为 5.6%；户主学历为高中/职高的家庭风险资产占比上升至 17.3%，而户主学历最高的研究生组风险资产占比达到了 32.8%。

表 5-37　户主学历与家庭金融资产配置

	无风险资产占比	风险资产占比
没上过学	94.4%	5.6%
小学	92.7%	7.3%
初中	90.5%	9.5%
高中/职高	82.7%	17.3%
大专/高职	77.4%	22.6%
大学本科	72.8%	27.2%
研究生	67.2%	32.8%

（说明：仅计算有无风险资产或风险资产的家庭，即金融资产总额大于 0 的家庭。）

第八节 本章小结

本章基于 CHFS 2017 年调查数据,介绍了银行存款、股票、基金、债券、理财产品等金融资产的配置情况,并分析了居民参与不同金融市场的偏好与影响因素,本章要点总结如下:

第一,户主年龄影响家庭资产配置,老年家庭偏好无风险或者风险低的定期存款与债券,而年轻家庭更多参与股票、基金等理财。

第二,户主的受教育程度与户主各项金融资产的拥有率呈单调递增的线性关系,即受教育程度越高,拥有股票、基金、债券等理财产品的比例越高。

第三,年龄对互联网理财产品持有偏好的影响明显高于金融理财产品持有偏好。

第四,我国家庭金融资产均值约为 7 万元,其中,无风险金融资产为 5.8万元,风险金融资产为 1.2 万元,居民投资理财较为保守,更偏好无风险理财。整体来说,城镇的金融资产规模远高于农村,东部地区的金融资产规模高于中西部地区。

第六章　其他非金融资产

家庭的金融资产与非金融资产构成居民家庭资产负债表的资产板块，其中，非金融资产包括房产、汽车、电视机、冰箱等。在之前的章节，我们对家庭非金融资产最大的板块——房产，展开了详细的分析，接下来，我们将继续研究家庭其他非金融资产的特征。

在CHFS数据中，家庭非金融资产主要是指一些用于家庭消费的耐用品，包括家用汽车、手机、电视机、洗衣机、冰箱、空调、电脑、家具等耐用品。耐用品单位价格较高，购买频率相对较低，寿命相对较长，居民购买行为较为理性，能够表征整个家庭消费和储蓄分配。大件耐用品的消费，诸如汽车、家电等在家庭支出中占据很大的比重，会影响到整个家庭消费和收入分配的状况，也会影响到对其他非耐用品的消费[①]。

在本章节中，我们首先选取汽车进行详细分析，然后再给出其他耐用品的统计结果，从中探寻家庭非金融资产的消费特点与分布差异。与其他耐用品相比，汽车消费的总价值较大，对于普通家庭来说，是否购买汽车的决策相当慎重。随着经济水平的提高，汽车价格的下降，消费者购买能力的提升，家用汽车的需求量快速增多。但我国不同地区经济增长具有异质性，城乡居民在家用汽车消费上存在较大差异，相对于农村家庭，城镇家庭具有更高的消费水平，能承担更高价格档次的汽车，更加偏好购买新车而非二手车。本章第二节将对其他耐用品展开分析，通过细分品项的归纳整理，观察城乡以及区域在各类产品的拥有率、产品档次上的差异，为我国扩大消费需求提供有效数据支撑。

---

①张兵兵，徐康宁：《影响耐用品消费需求的因素研究——来自美国家庭汽车消费市场的经验分析》，《软科学》2013年第7期。

第一节　汽车

一、汽车消费

(一)汽车拥有比例

基于微观家庭的角度,本调查所指汽车为家庭所拥有的乘用车,不包含商用车。图 6-1 展示了我国的家庭汽车拥有比例。2011～2017 年,我国的家庭汽车拥有比例从 14.5%上升至 25.0%,涨幅接近 10%,在 2017 年,我国每百户家庭里就有 25 户家庭拥有汽车。分城乡看,城镇家庭的汽车拥有率从 19.2%上升至 31.5%,农村家庭从 10.3%上升至16.4%,城乡差距进一步扩大。

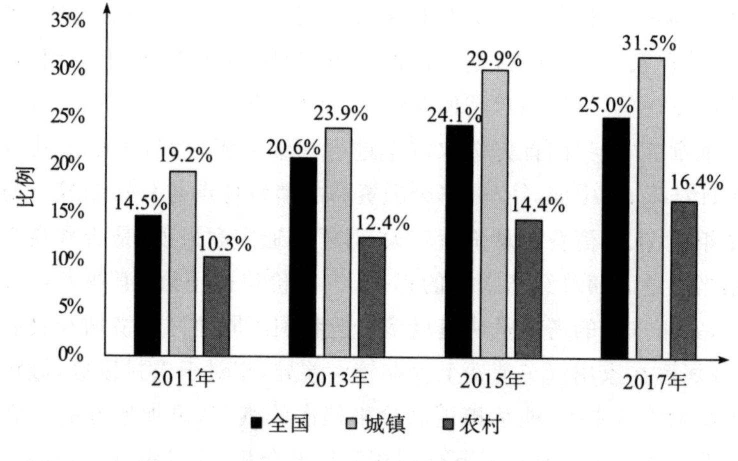

图 6-1　家庭汽车拥有比例

(二)汽车拥有数量

随着生活水平的提高,家庭不仅拥有了私家车,而且不少家庭拥有多辆车。图 6-2 展示了我国家庭汽车拥有数量分布的情况,如图所示,在我国,88.4%的家庭拥有一辆汽车,其中,城镇家庭为 87.9%,农村家庭为 91.2%,农村家庭拥有一辆汽车的比例略高于城镇家庭。另外,城镇家庭拥有多辆车的比例高于农村家庭。但我们发现,多辆车家庭基本以两辆车为主,鲜少有家庭会持有三辆及以上的车辆,说明两辆车能满足绝大部分家庭的出行需求。在拥有常见的轿车、客车和货车的家庭中,绝大部分家庭仅拥有一辆汽车,农村家庭仅拥有一辆车的比例为 91.2%,略高于城镇家庭的87.9%。城镇家庭拥有两辆汽车的比例较高,其占比为11.0%,农村家庭中仅有7.8%拥有两辆汽车。

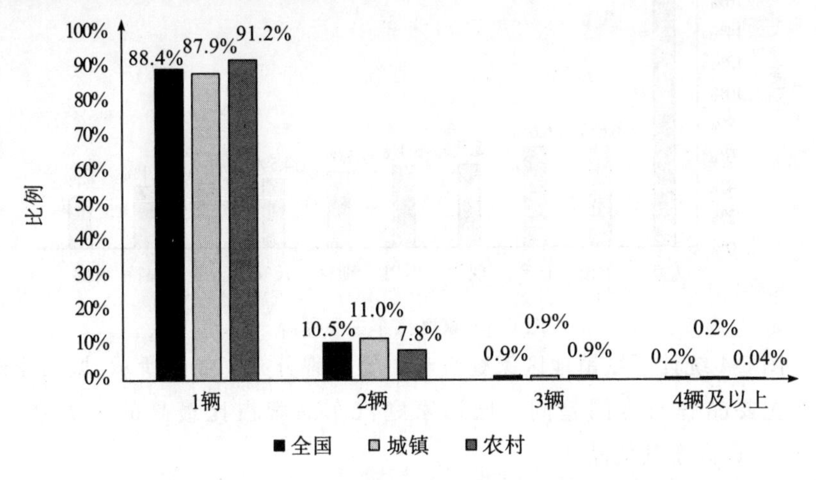

图 6-2 家庭汽车拥有数量分布

(三)汽车购买来源

根据消费者所购买的汽车的使用情况,我们将购买的汽车分为新车与二手车。分不同的购车顺序看,如表6-1家庭购买汽车中新车和二手车占比所示,我国家庭购买第一辆车中,有87.6%为新车;购买第二辆车中,有89.4%为新车。城镇家庭中,不管是家庭首次购买汽车还是第二次购买,新车所占的比重大致相当,分别为88.2%和89.9%,且均高于农村家庭新车购置比例。农村家庭购买的第一辆汽车中,有84.2%为新车,购买第二辆汽车的新车比重升高,为85.0%。农村家庭对二手车的接受度更高。

表 6-1 家庭购买汽车中新车和二手车占比

	第一辆车为新车	第一辆车为二手车	第二辆车为新车	第二辆车为二手车
全国	87.6%	12.4%	89.4%	10.6%
城镇	88.2%	11.8%	89.9%	10.1%
农村	84.2%	15.8%	85.0%	15.0%

(四)汽车品牌分布

图6-3统计了我国家庭汽车拥有率最高的前十大品牌,第一名是大众,占17.5%,远高于其他品牌。第二名分别是丰田和日产,同为6.6%,紧随其后的是现代、本田、别克等。

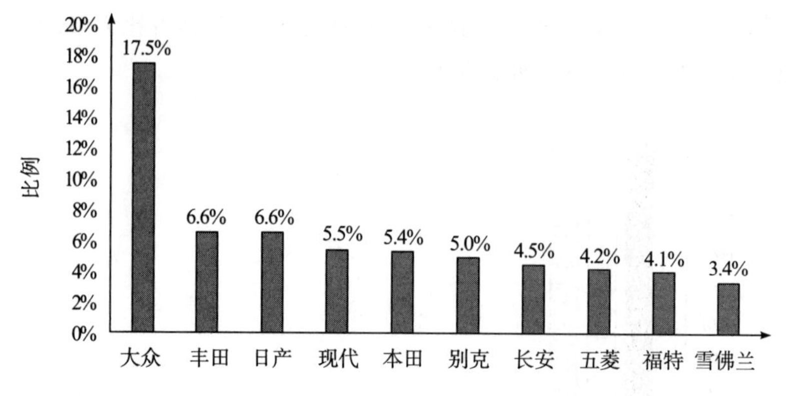

图 6-3 家庭汽车主要品牌

图 6-4 统计了城镇地区家庭汽车主要品牌分布。如图所示,城镇家庭汽车主要品牌与全国趋同。城镇家庭汽车品牌占比最高的为大众,占 18.0%,远高于其他品牌。

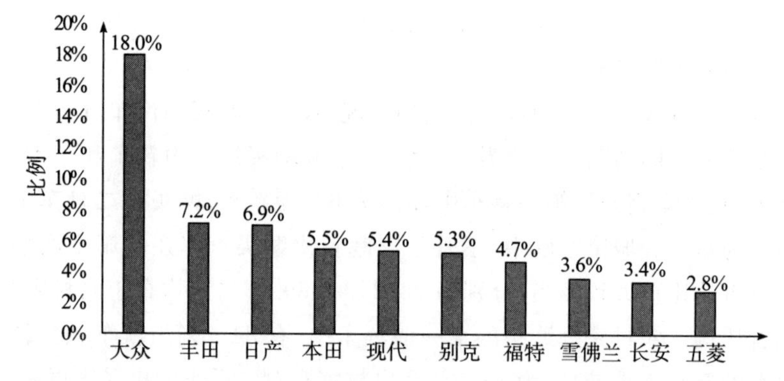

图 6-4 城镇地区家庭汽车主要品牌

而在农村家庭,国产汽车以其性价比受到大家的欢迎。如图 6-5 统计的农村地区家庭汽车主要品牌所示,虽然大众依然占比最高,为 14.5%,但低于城镇家庭。国产品牌五菱与长安占比大幅上升,跃居第二、第三位,分别为 12.4%和 11.0%。而长城、奇瑞、比亚迪等品牌也进入了前 10 名。

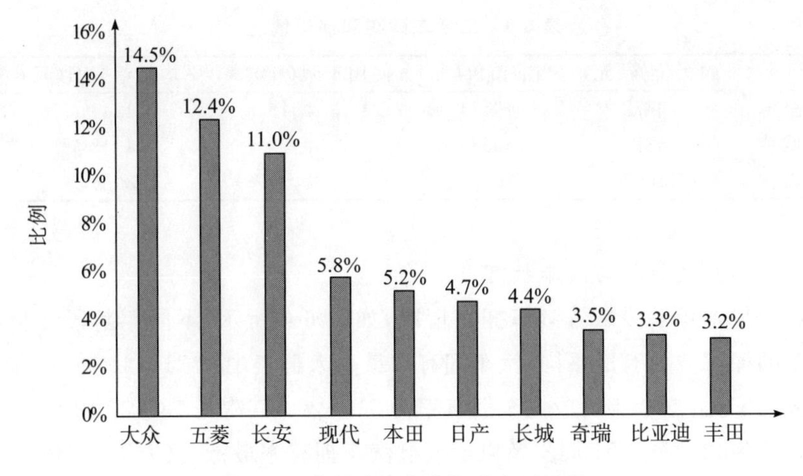

图 6-5 农村地区家庭汽车主要品牌

(五)汽车购买价格和使用

表 6-2 描述了我国家庭新车购买和使用情况。全国总体来看,新车购买的均价为 132230 元,调查年份的市价为 95737 元,平均使用年限为 3.9 年,平均每年折旧约为 9373 元。城镇新车购买和使用情况与全国的情况高度接近,高于农村家庭。农村新车购买价格均价为 98974 元,调查年份的平均市价为 75517 元,使用年限为3.2 年,平均每年折旧约为 7398 元/年。

表 6-2 新车购买和使用情况

	购买价格(元)	当前市价(元)	使用年限(年)	平均每年折旧(元)
全国	132230	95737	3.9	9373
城镇	138383	99505	4.0	9650
农村	98974	75517	3.2	7398

至于二手车,整体在价格上约为新车的一半。如表 6-3 二手车购买和使用情况所示,全国平均购买二手车的价格为 60772 元,平均当前市价为 46464 元,平均使用年限为 3.4 年,平均每年折旧为 4245 元。城镇居民二手车的平均购买价格要高于农村居民,前者为 65218 元,后者为 43689 元。城乡居民的二手车平均使用年限相同,城镇居民二手车的平均每年折旧金额高于农村居民的二手车。

表 6-3 二手车购买和使用情况

	购买价格(元)	当前市价(元)	使用年限(年)	平均每年折旧(元)
全国	60772	46464	3.4	4245
城镇	65218	50586	3.4	4342
农村	43689	30251	3.4	3986

(六)户主特征与汽车拥有

分户主年龄段来看汽车拥有情况,如图 6-6 所示:不同年龄段人群在汽车的拥有方面有所不同,汽车拥有率最高人群集中在 31～40 周岁,超过一般的家庭,这个年龄段汽车拥有率为 51.6%。其次是 18～30 周岁,汽车拥有率为42.7%。51 周岁及以上人群汽车拥有率最低,仅为 16.0%。

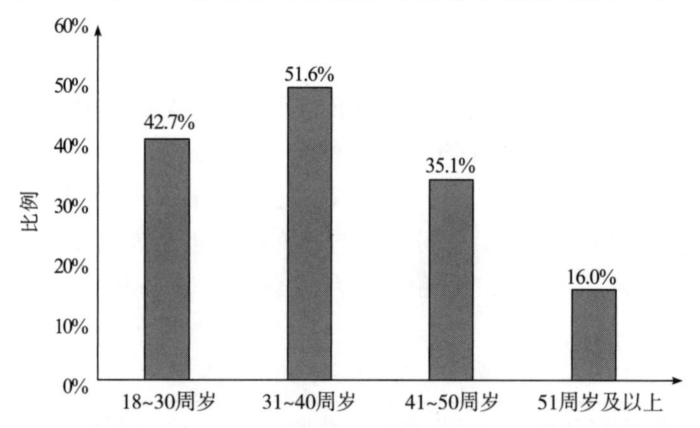

图 6-6 户主年龄与汽车拥有比例

图 6-7 展示了户主受教育程度与汽车拥有比例的相关关系。如图所

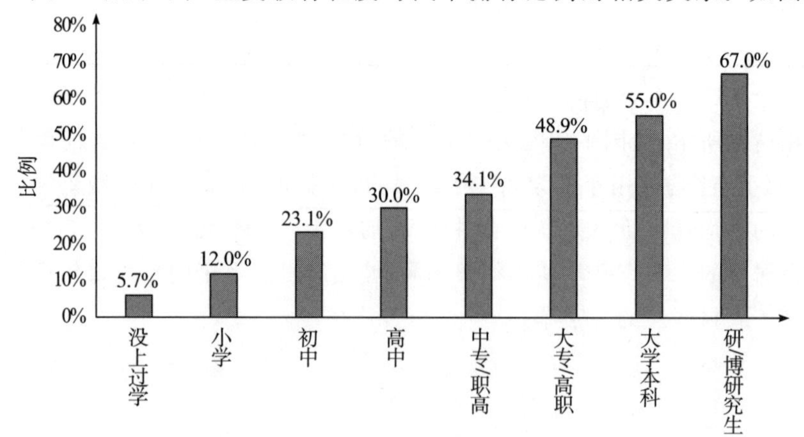

图 6-7 户主学历与汽车拥有比例

示，汽车拥有率随户主受教育水平的提高而提高。没上过学的户主家庭汽车拥有率最低，为 5.7%；当户主的受教育水平达到大学本科时，家庭汽车拥有率超过 50%；当户主为研究生时，汽车拥有率最高，达 67.0%。

图 6-8 分析了不同家庭收入分组下的汽车拥有情况。如图所示，汽车消费结构与汽车所有者的家庭收入显著影响汽车消费，汽车拥有率随收入水平的提高而提高。图 6-8 把受访者家庭收入水平从低到高分成五等分，不难发现，汽车拥有率存在收入的“门槛效应”，中高收入家庭（>60%）汽车拥有率明显提高。收入水平处于最低 20% 区间的家庭，汽车拥有比例最低，为 7.4%，而收入水平处于最高 20% 区间的，汽车拥有比例高达 57.3%。

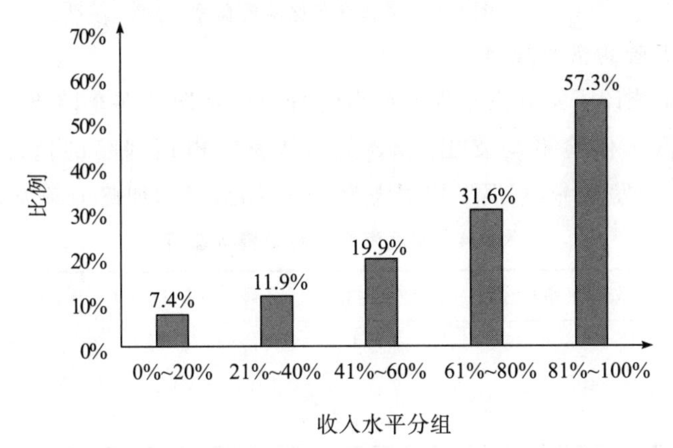

图 6-8　家庭收入与汽车拥有比例

二、汽车保险

（一）车险覆盖率

图 6-9 展示了家庭汽车的保险覆盖率。如图所示，全国有车家庭中有 92.9% 的家庭购买了保险，其中城镇有车家庭的汽车投保比例较高，为 93.9%，农村有车家庭的汽车投保比例较低，为 88.0%。

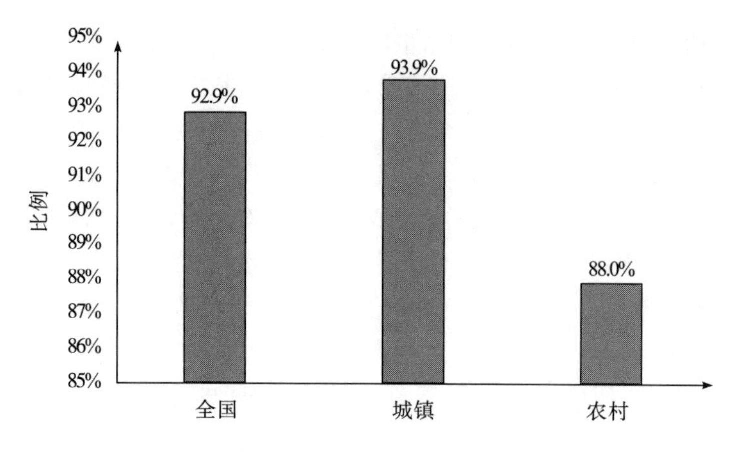

图 6-9　家庭汽车保险覆盖率

(二)保险购买与理赔

表 6-4 统计了家庭汽车保险缴费与理赔的情况。在车险支出方面,家庭为购买汽车保险平均支出 5253 元。从家庭申请理赔的情况上看,有 7.1%的事故发生率,车祸平均损失为 17505 元,平均理赔金额为 9004 元。

表 6-4　家庭汽车保险缴费与理赔

	上年缴纳保费(元)	事故发生率(%)	事故损失(元)	保险理赔额(元)
全国	5253	7.1	17505	9004
城镇	5465	7.4	17462	8578
农村	3996	5.3	17833	13444

第二节　家庭耐用品和其他非金融资产

一、家庭耐用品

在上一节,我们仔细分析了家庭汽车的拥有情况,接下来,我们将对家庭耐用品展开剖析。耐用品消费是衡量居民家庭富裕程度的重要标志,城镇家庭比农村家庭更普遍地拥有耐用品。农村家庭中普遍拥有的是电视机、手机、家具、冰箱、洗衣机,而城镇家庭除了上述耐用品,还普遍拥有电脑、太阳能/电热水器、空调和摄像机/照相机等耐用品。

表 6-5 展示的是家庭耐用品拥有比例,在每种耐用品的拥有率上,城镇家庭和农村家庭除了在电视机和手机上的拥有率相近外,其他耐用品的拥有率均存在显著差异。如表 6-5 所示,城镇家庭和农村家庭拥有电视机

的比重分别为 95.5%和 93.9%，拥有手机的比重分别为 97.5%和95.0%，几乎全面普及。除此之外，冰箱、洗衣机的覆盖率也相当高。我国居民耐用品消费在以“新三件”（冰箱、彩电、洗衣机）为代表的千元级耐用消费品的阶段后，传统耐用消费品换挡升级，家用电脑、空调等逐步成为居民的新消费热点。城镇家庭与农村家庭拥有太阳能/电热水器、冰箱、电脑的比例相差较大。73.0%的城镇家庭拥有热水器，农村家庭这一比例仅为 37.6%；拥有空调的城镇家庭占比为 68.3%，拥有电脑的城镇家庭占比为 60.0%，约为农村家庭的 2 倍。值得注意的是，农村家庭拥有卫星接收器的比例达 34.1%，显著高于城镇家庭，这可能是由于农村多用卫星接收器看电视，而城镇多数家庭已采用光纤技术。

表 6-5　家庭耐用品拥有比例

（单位：%）

	全国	城镇	农村
手机	96.8	97.5	95.0
电视机	95.0	95.5	93.9
家具	90.5	93.0	84.2
冰箱	89.3	92.7	80.7
洗衣机	87.0	91.3	76.2
热水器	62.9	73.0	37.6
空调	59.5	68.3	37.4
防盗门窗	55.7	66.4	28.9
电脑	50.2	60.0	25.7
卫星接收器	20.2	14.7	34.1
摄像机	17.5	23.0	3.6
净水器	16.1	18.8	9.4
组合音响	13.4	15.0	9.4
乐器	8.6	11.0	2.6
空气净化器	6.8	9.1	1.3

（说明：本题目为多选题。）

图 6-10 为家庭耐用品总价值的分布。从家庭拥有耐用品的总价值来看，全国家庭户均耐用品价值为 17006 元，城镇家庭户均耐用品价值为 19959 元，农村家庭户均耐用品价值为 9693 元。城镇家庭耐用品价值约为农村家庭的 2 倍。

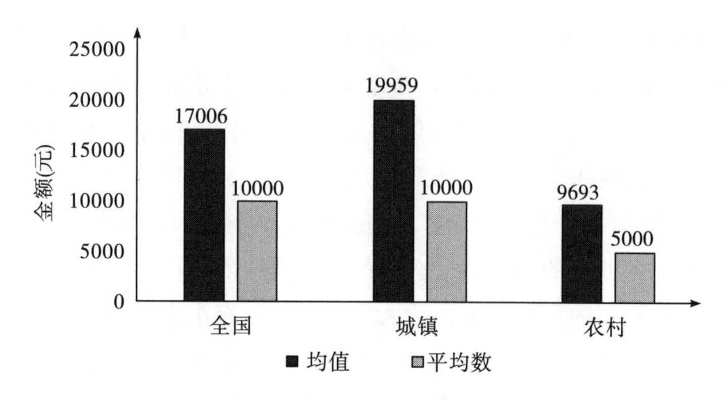

图 6-10　家庭耐用品总价值

(说明:全样本计算。)

二、其他非金融资产

本部分的其他非金融资产还包含除了汽车与家庭耐用品以外的资产,如游船/私人飞机、古董/古玩、金银首饰等。如表 6-6 展示了家庭其他非金融资产拥有比例。在家庭拥有其他非金融资产中,城镇家庭和农村家庭持有金银首饰的比例最高。在城镇家庭中,28.9%的家庭持有金银首饰,这一比例在农村家庭中更高,为 15.0%。另外,城镇家庭在珍贵邮票/字画/艺术品和古董/古玩的持有率上明显高于农村家庭,分别为 2.0%和 0.7%。可见,农村家庭除金银首饰外,很少持有其他种类的其他非金融资产。

表 6-6　家庭其他非金融资产拥有比例

(单位:%)

	全国	城镇	农村
金银首饰等	25.0	28.9	15.0
珍贵邮票/字画/艺术品	1.5	2.0	0.2
古董/古玩	0.6	0.7	0.2
珍稀动植物	0.08	0.10	0.007
游船/私人飞机	0.005	0.005	0.006
其他	1.5	2.0	0.5
总体	26.2	30.4	15.6

(说明:本题目为多选题。)

调查进一步询问了家庭 2016 年有以上奢侈类产品支出的额度,如图 6-11 奢侈品市值所示,全国家庭的奢侈品年支出约为 26887 元,城镇家庭为 30838 元，农村家庭为 7890 元。

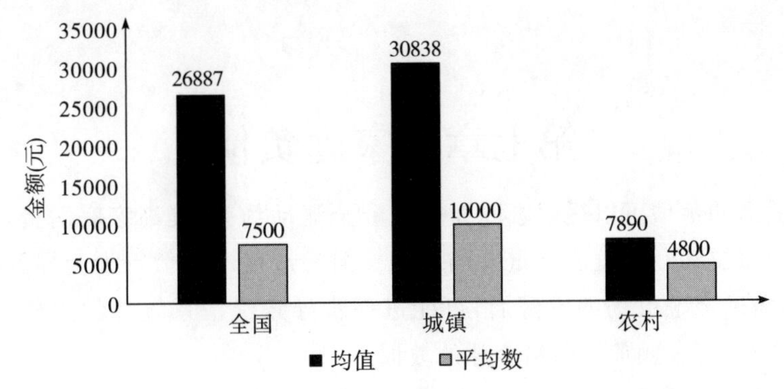

图 6-11　2016 年奢侈品支出

（说明：有奢侈品的家庭中。）

第三节　本章小结

本章基于 2017 年 CHFS 调查数据介绍了家用汽车与其他耐用品的区域差异特点，本章要点总结如下：

第一，2011～2017 年，我国的家庭汽车拥有率大幅度上升。截至 2017 年，我国每百户家庭里就有 25 户家庭拥有汽车，其中，城镇家庭每百户约 31 辆，农村家庭约 16 辆。

第二，我国的有车家庭大部分拥有一辆车以满足出行需求，但是在城镇地区部分家庭拥有多辆车。

第三，我国家庭购车时主要考虑购买新车，购买第一辆车中，有87.6％为新车，购买第二辆车中有 89.4％为新车。

第四，德系、日系等合资车占据了大部分家用汽车市场，国产汽车在农村地区比较受认可。国产汽车企业需进一步进行产品的升级换代，扩充高低段产品线，布局城镇市场。

第五，城镇家庭和农村家庭在电视机、手机、洗衣机上的拥有率都较高，消费市场趋于饱和。但是农村家庭在微波炉、空调、油烟机、电脑和相机的拥有量和城镇家庭存在较大的差距。总体看来，城乡差异很大，城镇居民和农村居民的消费类型和消费水平明显不同，可以考虑制定相关政策，促进相应行业的区域化发展。

第七章　家庭负债

适当的负债可以缓解家庭面临的资金流动约束，提高家庭消费，对于促进内需拉动经济发展有重要的作用。但是过度的负债行为会导致家庭破产，经过金融市场的发酵后，可能进一步导致经济系统性的危机发生。这是 2008 年金融危机带给全球的教训。

根据人民银行数据显示，截至 2018 年末，我国住户部门贷款余额为 47.9 万亿元。与 2008 年的 5.7 万亿元相比，住户部门的贷款余额增长超过 7 倍。住户部门负债的快速增长引起了政府及社会各界的高度重视，对于是否应该通过在居民端去杠杆防范金融风险展开了热烈的讨论。及时收紧信贷政策能迅速降低居民部门的负债水平，但是紧缩的信贷政策会打击居民的信贷可得性，抑制消费需求的释放，影响经济的增长。

对于居民部门是否应该去杠杆的建议，不能简单依靠负债的快速增加作出判断。众所周知，过去的 10 年时间里，中国居民收入水平及家庭财富都有着显著的提升。那么从还款能力及偿债风险角度上看，负债的增长与收入水平及家庭财富的增长是否一致，这些都需要进一步分析才能得到正确的答案。此外，从结构上看，住户部门的贷款余额中个人住房贷款余额为 25.8 万亿元，占住户部门债务余额的 53.9%。那么，房地产市场的持续过热是否已经严重影响了居民负债的健康可持续发展，个人房贷负担是否过重，低收入家庭是否存在过度负债的情况，这些问题都是我们迫切需要了解的，而具有良好代表性的微观调查数据可以为我们提供答案。

本章将利用中国家庭金融调查的微观数据，一方面详细描述家庭的生产经营、住房、汽车、教育等各项负债，细致区分银行贷款及非正规负债的参与情况，谨慎分析家庭的负债风险。另一方面对于家庭的各类资金需求的信贷可得性进行深入细致的结构性分析。

第一节　家庭负债概况

一、负债总体概况

2017年，中国家庭金融调查数据对城乡家庭负债进行统计，如表7-1所示，城镇家庭债务水平高于农村地区，城镇有负债家庭户均债务是农村的2.8倍，整体的户均债务为农村2.1倍。从负债拥有情况来看，全国有34.4%的家庭有债务负担；其中，城镇有31.5%的家庭有债务负担；农村有41.7%的家庭有债务负担。从负债金额来看，全国家庭户均债务为60811元，其中，有债家庭户均债务为176785元，有债家庭中位数为50000元；城镇家庭户均债务为71455元，其中，有债家庭户均债务为226999元，有债家庭中位数为79500元；农村家庭户均债务为34129元，其中，有债家庭户均债务为81806元，有债家庭中位数为30000元。

分地区看，我国东部地区有债务的家庭比例最低，但负债规模最高。具体而言，东部地区有债务的家庭比例为29.0%，家庭户均债务为74288元，其中，有债家庭户均债务为255590元，有债家庭中位数为70000元；中部地区有债家庭比例为36.4%，户均债务为45105元，其中，有债家庭户均债务为123836元，有债家庭债务中位数为93124元；西部地区有债家庭比例为41.3%，户均债务为57383元，其中，有债家庭户均债务为139057元，有债家庭中位数为50000元。

表7-1　家庭负债总体概况

（单位：元）

	有债务家庭占比（%）	户均债务（全样本）	户均债务（有债家庭）	债务中位数（有债家庭）
全国	34.4	60811	176785	50000
城镇	31.5	71455	226999	79500
农村	41.7	34129	81806	30000
东部	29.0	74228	255590	70000
中部	36.4	45105	123836	40511
西部	41.3	57383	139057	50000

如图7-1所示，一般而言，家庭收入水平越低，信贷需求越强，但受到的信贷约束越严重，融资能力更低。我国农村和西部地区都是相对来说经济欠发达地区，农村和西部家庭的借债比例分别比城镇和其他地区高，但较低的收入水

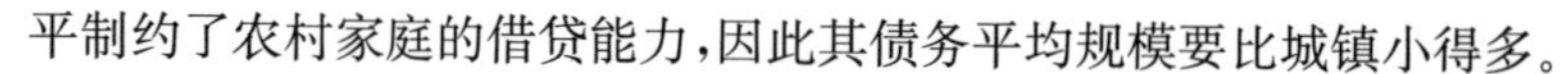
平制约了农村家庭的借贷能力,因此其债务平均规模要比城镇小得多。

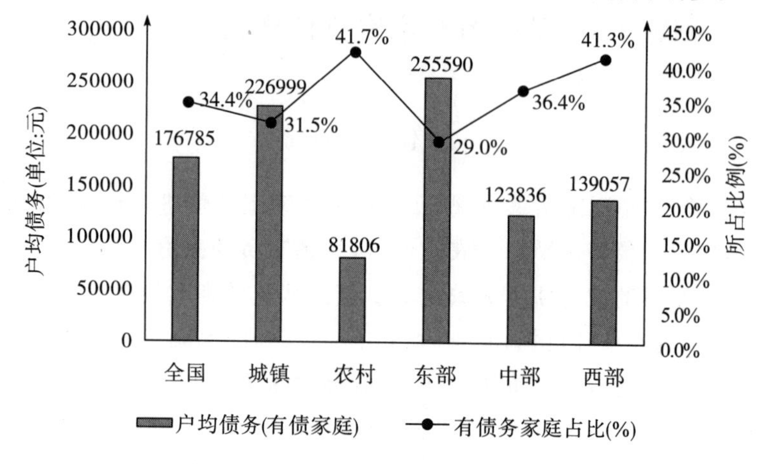

图 7-1 家庭负债总体概况

二、家庭负债参与率

表 7-2 展示了家庭各类型负债参与率,列出了有债务家庭中各项负债的占比情况。数据显示,拥有房产负债的家庭占比最高,是家庭最为普遍的负债类型,其次是经营负债,但在城乡之间存在明显差异。全国家庭中,16.7%的家庭拥有房产负债,10.9%的家庭有经营性负债,医疗负债、汽车负债、信用卡负债、教育负债分别为 5.2%、4.0%、4.0%、3.3%。分城乡看,城镇家庭负债占比最高的一项为房产负债,为 16.9%,这在一定程度上表明,近年来日益增长的城镇房价使得越来越多的城镇家庭承担房贷压力。从家庭各类型负债比例看,农村家庭负债主要用于从事生产经营活动,这类负债家庭占比为 21.4%。

表 7-2 家庭各类型负债参与率

	全国	城镇	农村
总负债	34.3%	31.4%	41.7%
经营负债	10.9%	6.7%	21.4%
房产负债	16.7%	16.9%	16.0%
汽车负债	4.0%	4.0%	4.3%
教育负债	3.3%	2.5%	5.2%
医疗负债	5.2%	3.5%	9.3%
信用卡负债	4.0%	5.3%	0.9%
其他负债	3.6%	3.1%	4.8%

(说明:这里其他负债包括金融投资负债、耐用品和奢侈品负债和其他未提及的

负债。)

随着现代科技日益融入金融领域,消费者日常购物的支付方式也发生了巨大的变化。从家庭购物的支付方式来看,现金支付目前仍然是家庭购物支付方式的首选。城镇家庭的购物支付方式更多样化,移动终端支付、刷卡、电脑支付等支付方式逐渐普及,而农村家庭其他支付方式普及程度较低。分城乡来看,除了现金支付方式,其他的支付方式,均为城镇家庭的使用占比远高于农村家庭的使用占比,刷卡、电脑支付、移动终端支付的支付方式,分别有29.5%、14.2%、34.4%的城镇家庭使用,而农村分别仅有5.5%、2.9%、9.9%的家庭使用。

表7-3　家庭购物的支付方式

	全国	城镇	农村
现金	94.7%	93.1%	98.5%
刷卡	22.7%	29.5%	5.5%
通过电脑支付	11.0%	14.2%	2.9%
通过手机等移动终端支付	27.4%	34.4%	9.9%
其他	0.4%	0.3%	0.6%

(说明:多选题。)

信用卡作为电子化和现代化的金融消费工具,在欧美国家已经发展得非常成熟,但是我国信用卡市场尚未成熟。如表7-4所示,从城乡看,我国信用卡的使用在城镇地区普及程度高于农村地区,但整体普及程度较低,这是源于我国移动端支付方式的快速崛起。全国有信用卡的家庭占比为19.1%,其中,城镇家庭占24.0%,远高于农村家庭的占比6.8%;全国使用信用卡分期付款的家庭占比为4.0%,其中,城镇中使用信用卡分期付款的家庭占比为5.3%,远高于农村家庭的占比0.9%。

表7-4　信用卡使用及信用卡分期使用

	有信用卡的家庭占比	使用信用卡分期付款的家庭占比
全国	19.1%	4.0%
城镇	24.0%	5.3%
农村	6.8%	0.9%

(说明:“使用信用卡分期付款的家庭占比”指2016年使用信用卡分期付款的家庭占比。)

三、家庭负债结构

表7-5统计了我国家庭各类型负债额度。数据表明,房产负债对于我

国居民来讲，是最大的家庭负债，家庭50%以上的负债归于购置房产。全国范围家庭的总负债平均额度为60811元，其中，有债家庭的平均负债额度为176785元。在全国的家庭中，房产的负债数额最大，有债家庭的额度为208524元；其次是生产经营性负债，为160052元；有债家庭的信用卡负债数额最小，为27677元。分城乡看，城镇有债家庭的负债额度显著高于农村有债家庭。

表7-5　家庭各类型负债额度

（单位：元）

	非条件值			条件值		
	全国	城镇	农村	全国	城镇	农村
总负债	60811	71455	34129	176785	226999	81806
经营负债	17132	18517	13661	160052	279968	65182
房产负债	34710	43537	12581	208524	257458	78722
汽车负债	1765	1997	1181	43654	50494	27734
教育负债	1038	966	1221	31658	38695	23269
医疗负债	1759	1435	2570	34143	41108	27597
信用卡负债	1118	1448	291	27677	27441	31019
其他负债	3289	3554	2624	92011	115796	54207

（说明：非条件值即使用的全部样本，若无负债则金额为0；条件值即使用的样本为有相应负债的样本。其他负债包括金融投资负债、耐用品和奢侈品负债和其他未提及的负债。）

如图7-2所示，从家庭负债结构来看，中国家庭总负债中占比最大的是住房负债，住房负债包括商铺、房屋负债，合计占比为57.1%；其次是经

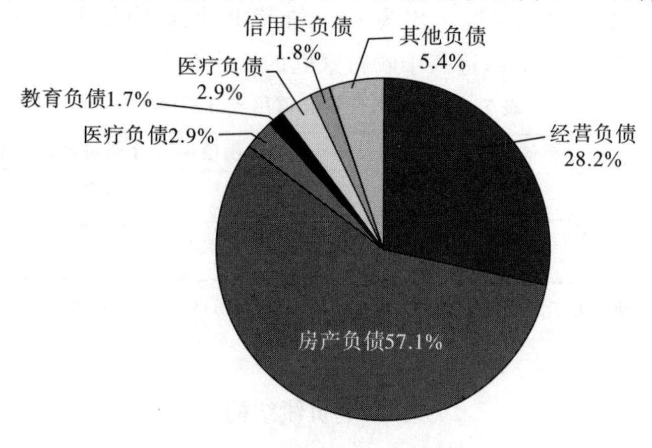

图7-2　全国家庭负债结构

营负债，占28.2%，两项合计占到85.3%。如图7-3、图7-4所示，我国家庭债务类型主要为住房负债和农业、工商业生产经营性负债。城镇家庭最大的负债为房产，占比60.9%，其次是经营负债，占比25.9%；农村家庭负债结构则不同，经营负债为最大的负债，房产次之。

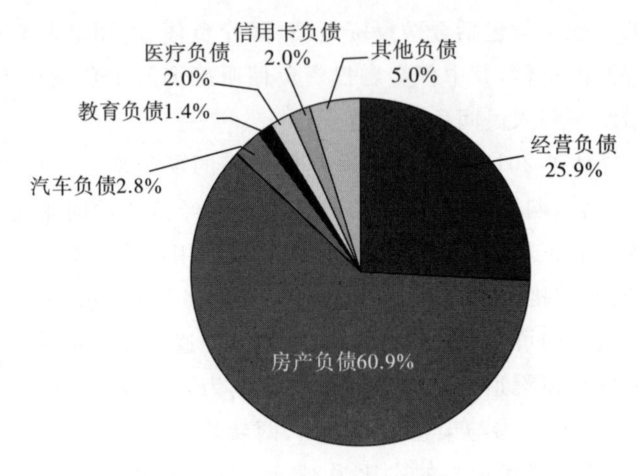

图7-3　城镇家庭负债结构

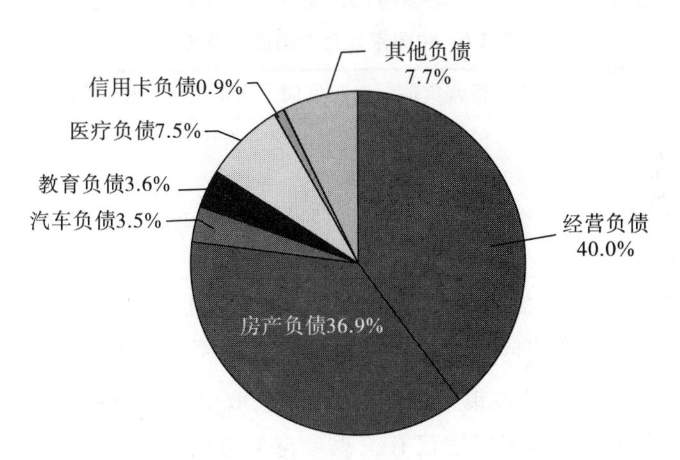

图7-4　农村家庭负债结构

第二节　家庭负债渠道

一、家庭负债渠道的参与率

本文的其他负债包括金融投资负债、医疗负债、耐用品和奢侈品负债和其他未提及的负债，其中仅金融投资负债明确询问了负债渠道，其他未询问的渠道统一归入民间负债渠道。

表 7-6 统计了 2017 年中国家庭负债渠道的参与率。正规参与，是指家庭因生产经营、购置住房或汽车、日常消费等经济活动向正规金融机构贷款的行为。非正规参与，是指家庭向银行或信用社等金融机构以外的其他渠道(民间组织机构或个人)借贷的行为。如表 7-6 所示，家庭因经营活动获取正规贷款的可得性低，解决资金问题主要通过民间负债，同时，房贷是家庭重要的负债渠道。全国总体负债比例为 34.3%，正规参与渠道占比为 16.1%，非正规参与渠道占24.1%，两者均有的占 5.9%。从不同类型来看，经营负债正规参与的占比为2.9%，非正规参与为 9.8%，房产负债正规参与(9.5%)和非正规参与(9.1%)的占比相差不大。

表 7-6　中国家庭负债渠道的参与率

	总负债	经营负债	房产负债	汽车负债	教育负债	其他负债
总体	34.3%	10.9%	16.7%	4.0%	3.3%	8.3%
仅正规参与	16.1%	2.9%	9.5%	1.5%	1.2%	0.1%
仅非正规参与	24.1%	9.8%	9.1%	2.5%	2.3%	8.2%
两者均有	5.9%	1.8%	1.9%	0.01%	0.3%	0.01%

(说明:其他负债包括金融投资负债、医疗负债、耐用品和奢侈品负债和其他未提及的负债;因前文已给出信用卡负债参与情况，信用卡负债不再单列。)

如表 7-7 所示，从城镇来看，城镇家庭获取资金的途径主要通过银行等正规金融机构。城镇家庭仅有正规参与渠道的占比为 18.8%，仅有非正规参与的渠道占 5.8%，两者均有的占 18.3%。其中，房产负债仅有正规参与的占比为 7.3%，仅有非正规参与的占比为 2.7%，两者均有的占比为 11.7%。

表 7-7　城镇家庭负债渠道的参与率

	总负债	经营负债	房产负债	汽车负债	教育负债	其他负债
仅正规参与	18.8%	5.8%	7.3%	2.2%	1.8%	6.2%
仅非正规参与	5.8%	1.5%	2.1%	0.01%	0.2%	0.02%
两者均有	18.3%	2.4%	11.7%	1.8%	0.9%	0.1%

（说明：其他负债包括金融投资负债、医疗负债、耐用品和奢侈品负债和其他未提及的负债；因前文已给出信用卡负债参与情况，信用卡负债不再单列。）

如表 7-8 所示，从农村来看，农村家庭获取资金的主要渠道也是银行等正规金融机构，经营负债和房产负债这一特点尤其普遍。仅有正规参与渠道的占比为 37.5%，仅有非正规参与的渠道占 6.3%，两者均有的占 10.4%。其中，经营负债仅正规参与的占比为 19.8%，仅非正规参与为 2.7%。房产负债仅正规参与的占比为 13.5%，仅非正规参与的占比为 1.2%。

表 7-8　农村家庭负债渠道的参与率

	总负债	经营负债	房产负债	汽车负债	教育负债	其他负债
仅正规参与	37.5%	19.8%	13.5%	3.5%	3.7%	13.4%
仅非正规参与	6.3%	2.7%	1.2%	0.03%	0.6%	0.001%
两者均有	10.4%	4.4%	3.7%	0.8%	2.1%	0.003%

（说明：其他负债包括金融投资负债、医疗负债、耐用品和奢侈品负债和其他未提及的负债；因前文已给出信用卡负债参与情况，信用卡负债不再单列。）

二、借贷渠道与负债额度

（一）借贷渠道与总体负债额度

从不同借款渠道来看，正规负债额度高于民间负债，城镇地区尤其明显，农村地区却有相反的结论。这是源于收入越高，家庭承担债务违约风险的能力越高，越容易获取正规贷款，对于农村地区，银行难以获取潜在贷方的还款能力信息。如表 7-9 所示，在全国有负债的家庭中，正规负债均值为 105650 元，中位数为 0 元；民间负债的均值为 71131 元，中位数为 14846 元。在城镇家庭中，正规负债的均值为 146210 元，中位数为 10000 元，民间负债的均值为 80783 元，中位数为 10000 元。在农村家庭中，正规负债均值为 28931 元，中位数为 0 元，民间负债的均值为 52875 元，中位数为 20000 元。可以看出，在城镇和农村家庭负债中，无论是正规负债还是民间负债,城镇家庭的负债规模均大于农村家庭;城镇家庭的正规负债的额度大于民间负债的额度,而农村有债家庭的民间负债额度大于正规负债的额度。

表 7-9 家庭负债渠道与总负债额度

(单位:元)

	均值			中位数		
	总负债	正规负债	民间负债	总负债	正规负债	民间负债
全国	176785	105650	71131	50000	0	14846
城镇	226999	146210	80783	79500	10000	10000
农村	81806	28931	52875	30000	0	20000

(说明:针对家庭有负债的家庭,即总负债额度大于 0。)

(二)借贷渠道与农业负债额度

表 7-10 展示了家庭负债渠道与农业负债额度的情况。如表所示,我国农业生产经营家庭的民间负债额度高于正规负债,在一定程度上表明,农业生产经营信贷获取可得性低。全国有农业生产经营负债的家庭,总负债额度均值为 41051 元,正规负债额度均值为 17240 元,民间负债均值为 23811 元。城镇的有农业负债家庭总负债均值为 74437 元,其中,正规负债均值为 35981 元,民间负债均值为 38457 元;农村的有农业负债家庭总负债均值为 32740 元,其中,正规负债均值为 12575 元,民间负债均值为 20166 元。

表 7-10 家庭负债渠道与农业负债额度

(单位:元)

	均值			中位数		
	总负债	正规负债	民间负债	总负债	正规负债	民间负债
全国	41051	17240	23811	6000	0	4000
城镇	74437	35981	38457	6400	0	3000
农村	32740	12575	20166	6000	0	4000

(说明:针对家庭有农业负债的家庭。)

(三)借贷渠道与工商业负债额度

表 7-11 展示了家庭负债渠道与工商业负债额度的情况。数据显示,我国工商业经营家庭的民间负债额度高于正规负债,在一定程度上表明,工商业经营的资金需求大,但信贷获取可得性低,主要通过民间借款解决

资金需求问题。全国有工商业负债的家庭，总负债额度均值为330147元，正规负债额度均值为109010元，民间负债均值为221137元；总负债额度中位数为80000元，正规负债额度中位数为0元，民间负债中位数为40000元。城镇的有工商业负债家庭总负债均值为348329元，其中，正规负债均值为116538元，民间负债均值为231790元；农村的有工商业负债家庭总负债均值为254746元，其中，正规负债均值为77789元，民间负债均值为176956元。综上，城镇有工商业负债的家庭总负债额度显著高于农村有工商业负债的家庭负债；无论是城镇还是农村有工商业债务的家庭，其民间负债的额度均高于正规负债。

表7-11　家庭负债渠道与工商业负债额度

（单位：元）

	均值			中位数		
	总负债	正规负债	民间负债	总负债	正规负债	民间负债
全国	330147	109010	221137	80000	0	40000
城镇	348329	116538	231790	80000	0	40000
农村	254746	77789	176956	65000	0	50000

（说明：针对家庭有工商业负债的家庭。）

（四）借贷渠道与房产负债额度

表7-12展示了家庭负债渠道与房产负债额度的情况。数据显示，我国拥有房产负债的家庭，房产正规负债额度远高于民间负债，表明家庭购买房产的资金需求主要通过银行等正规金融机构解决，但农村地区因住房价值低、不易交易等原因，获取正规渠道的贷款资金较少，更多是依赖民间借款。全国有房产负债的家庭，其总房产负债额度均值为208524元，正规负债额度均值为167271元，民间负债均值为41253元；总负债额度中位数为100000元，正规负债额度中位数为35995元，民间负债中位数为5000元。城镇的有房产负债家庭总负债均值为257458元，其中，正规负债均值为215741元，民间负债均值为41717元；农村的有房产负债家庭总负债均值为78722元，其中，正规负债均值为38702元，民间负债均值为40020元。城镇有房产债务家庭的正规负债远高于民间负债，而农村有房产债务的家庭，其民间负债的额度略高于正规负债。

表 7-12 家庭负债渠道与房产负债额度

(单位:元)

	均值			中位数		
	总负债	正规负债	民间负债	总负债	正规负债	民间负债
全国	208524	167271	41253	100000	35995	5000
城镇	257458	215741	41717	140000	100000	0
农村	78722	38702	40020	40000	0	21987
东部	313120	265209	47912	150000	116978	0
中部	138655	103227	35428	69000	0	15706
西部	141902	103601	38301	70000	20000	10000

(说明:针对家庭有房产负债的家庭。)

(五)借贷渠道与汽车负债额度

表 7-13 展示了家庭负债渠道与汽车负债额度的情况。数据显示,我国拥有汽车负债的家庭,正规负债额度高于民间负债,表明家庭购买汽车的资金需求主要通过银行等正规金融机构解决,同时,民间借款也承担重要的角色,但与城镇不同的是,农村地区家庭购车的资金需求主要通过民间借款解决。全国有汽车负债的家庭,汽车总负债额度均值为 43654 元,正规负债额度均值为 23253 元,民间负债均值为 20401 元;总负债额度中位数为 30000 元,正规负债额度中位数为 0 元,民间负债中位数为 2700 元。城镇的有汽车负债家庭总负债均值为 50494 元,其中,正规负债均值为 28119 元,民间负债均值为 22374 元;农村的有汽车负债家庭总负债均值为 27734 元,其中,正规负债均值为 11926 元,民间负债均值为 15808 元。城镇有汽车债务家庭的正规负债高于民间负债,而农村有汽车债务的家庭,其民间负债的额度高于正规负债。

表 7-13 家庭负债渠道与汽车负债额度

(单位:元)

	均值			中位数		
	总负债	正规负债	民间负债	总负债	正规负债	民间负债
全国	43654	23253	20401	30000	0	2700
城镇	50494	28119	22374	36000	0	1200
农村	27734	11926	15808	13000	0	4000

(说明:针对家庭有汽车负债的家庭。)

(六)借贷渠道与教育负债额度

表7-14展示了家庭负债渠道与教育负债额度的情况。数据显示,我国拥有教育负债的家庭,民间负债高于正规负债,表明家庭成员因教育的资金需求主要通过民间借款解决。全国有教育负债的家庭,教育总负债额度均值为31658元,正规教育负债额度均值为12323元,民间教育负债均值为19336元;总教育负债额度中位数为15000元,正规负债额度中位数为0元,民间负债中位数为6000元。城镇的有教育负债家庭总负债均值为38695元,其中,正规负债均值为15706元,民间负债均值为22989元;农村的有教育负债家庭总负债均值为23269元,其中,正规负债均值为8289元,民间负债均值为14980元。我国城镇有教育负债的家庭总负债额度显著高于农村有教育负债的家庭负债;无论是城镇或是农村有教育债务家庭,其民间负债的额度均高于正规负债。

表7-14 家庭负债渠道与教育负债额度

(单位:元)

	均值			中位数		
	总负债	正规负债	民间负债	总负债	正规负债	民间负债
全国	31658	12323	19336	15000	0	6000
城镇	38695	15706	22989	20000	0	10000
农村	23269	8289	14980	12000	0	5000

(说明:针对家庭有教育负债的家庭。)

第三节 家庭信贷可得性

为了测度家庭的信贷可得性,计算有信贷需求的家庭面临信贷约束的比例,该比例越大说明家庭面临的信贷约束较为严重。信贷约束的占比=正规(非正规信贷)未得到满足的家庭数/有正规(非正规)信贷需求的家庭数。

一、家庭整体信贷可得性

表7-15统计了家庭整体信贷可得的情况。整体来看,我国民间借贷的需求高于正规金融机构的银行贷款,正规金融信贷可得性低于非正规信贷,农村地区尤其明显,而城镇家庭不同,大量文献指出,信贷可得性是关

于收入的增函数,即信贷可得性与收入呈正相关关系①,家庭的收入水平代表了家庭获取金融产品和服务的资源和能力,更高的收入意味着更低的债务违约风险②。因此,信贷可得性大体应随收入水平的提高而增加,低收入群体的信贷可得性也应该处于低水平,因此,城镇地区家庭正规信贷可得性远高于农村地区。全国范围内,有正规信贷需求的家庭整体比例为22.4%,正规信贷获得比例为16.1%;有非正规信贷需求的家庭比例为32.6%,非正规信贷的获得比例为24.1%。其中,城镇家庭的正规信贷需求比例(24.2%)和获得比例(18.3%)均高于农村家庭的正规信贷需求比例(17.9%)和获得比例(10.4%)。而农村家庭的非正规信贷的需求比例(46.6%)和获得比例(37.5%),远高于城镇家庭的非正规信贷需求比例(27.0%)和获得比例(18.8%)。整体上,农村家庭的正规信贷约束(41.8%)远高于城镇家庭的正规信贷约束(24.2%),而城镇家庭的非正规信贷约束(30.3%)远高于农村家庭的非正规信贷约束(19.5%)。说明农村家庭的正规信贷受限,更依赖于非正规信贷,而城镇家庭相反,受非正规信贷约束大于正规信贷约束,不同的信贷类型也符合这一规律。

表 7-15 家庭整体信贷可得性

	正规信贷获得比例	正规信贷需求比例	非正规信贷获得比例	非正规信贷需求比例	正规信贷约束	非正规信贷约束
全国	16.1%	22.4%	24.1%	32.6%	28.2%	25.9%
城镇	18.3%	24.2%	18.8%	27.0%	24.2%	30.3%
农村	10.4%	17.9%	37.5%	46.6%	41.8%	19.5%

二、家庭农业信贷可得性

从家庭农业生产经营的信贷可得性来看,家庭因农业生产经营的民间借贷资金需求高于正规金融机构的银行贷款,银行等正规金融机构的信贷可得性高于民间信贷可得性,同时,农村地区的正规金融机构信贷可得性低于城镇地区。如表 7-16 所示,全国范围内,有正规农业信贷需求的家庭整体比例为2.1%,正规农业信贷获得比例为 1.3%;有非正规农业信贷需求的家庭比例为 5.7%,非正规农业信贷的获得比例为 3.4%。其中,农村家庭的正规农

①Kempson E.,1999:"Whyley C.. Kept in or opted out? Un-derstanding and Combating financial exclusion", *Bris-tol*: *Policy Press*.

②Devlin J. F.,2005:"A detailed study of financial exclusion in the UK",*Journal of Consumer Policy*.

业信贷需求比例(5.7%)和获得比例(3.5%)均远高于城镇家庭的正规农业信贷需求比例(0.6%)和获得比例(0.4%)。而农村家庭的非正规农业信贷的需求比例(16.0%)和获得比例(9.7%),远高于农村家庭的正规农业信贷需求比例和获得比例。农村家庭的农业正规信贷约束(38.6%)高于城镇家庭的农业正规信贷约束(31.9%),而城镇家庭的农业非正规信贷约束(42.7%)要高于农村家庭的农业非正规信贷约束(39.4%)。

表 7-16　家庭农业信贷可得性

	正规信贷获得比例	正规信贷需求比例	非正规信贷获得比例	非正规信贷需求比例	正规信贷约束	非正规信贷约束
全国	1.3%	2.1%	3.4%	5.7%	37.2%	40.1%
城镇	0.4%	0.6%	1.0%	1.7%	31.9%	42.7%
农村	3.5%	5.7%	9.7%	16.0%	38.6%	39.4%

三、家庭工商业信贷可得性

从家庭工商业经营的信贷可得性来看,家庭因工商业经营的民间借贷资金需求高于正规金融机构的银行贷款,城镇地区正规借贷的可得性高于民间借贷,但农村地区相反。如表 7-17 所示,全国范围内,有工商业正规信贷需求的家庭整体比例为 2.7%,工商业正规信贷获得比例为 1.7%;有工商业非正规信贷需求的家庭比例为 3.0%,工商业非正规信贷的获得比例为 1.9%。其中,城镇家庭的工商业正规信贷需求比例(3.1%)和获得比例(2.0%)均高于农村家庭的工商业正规信贷需求比例(1.6%)和获得比例(0.9%)。而农村家庭的工商业非正规信贷的需求比例(16.0%)和获得比例(9.7%)高于农村家庭的工商业正规信贷需求比例和获得比例。农村家庭的工商业正规信贷约束(43.5%)高于城镇家庭的工商业正规信贷约束(36.5%),而城镇家庭的工商业非正规信贷约束(40.3%)要高于农村家庭的工商业非正规信贷约束(27.9%)。

表 7-17　家庭工商业信贷可得性

	正规信贷获得比例	正规信贷需求比例	非正规信贷获得比例	非正规信贷需求比例	正规信贷约束	非正规信贷约束
全国	1.7%	2.7%	1.9%	3.0%	37.7%	37.6%
城镇	2.0%	3.1%	2.0%	3.3%	36.5%	40.3%
农村	0.9%	1.6%	1.7%	2.3%	43.5%	27.9%

四、家庭房产信贷可得性

从家庭购买房产的信贷可得性来看,因房产所需的资金额度高,家庭因购买房产的正规金融机构的银行贷款高于民间借款,城镇地区正规贷款可获得性高于民间借款。如表7-18所示,从城乡来看,受房产价值和交易流动的影响,农村地区购买房产所需的正规贷款可得性远低于城镇地区。全国范围内,有正规房产信贷需求的家庭整体比例为13.9%,正规房产信贷获得比例为9.5%;有非正规房产信贷需求的家庭比例为13.1%,非正规房产信贷的获得比例为9.1%。其中,城镇家庭的正规房产信贷需求比例(16.4%)和获得比例(11.7%),均远高于农村家庭的正规房产信贷需求比例(7.6%)和获得比例(3.7%)。而农村家庭的非正规房产信贷的需求比例(17.1%)和获得比例(13.5%),高于城镇家庭的非正规房产信贷需求比例(11.6%)和获得比例(7.3%)。农村家庭的房产正规信贷约束(50.9%)也要高于城镇家庭的房产正规信贷约束(28.6%),而城镇家庭的房产非正规信贷约束(36.8%)要高于农村家庭的房产非正规信贷约束(20.9%)。

表7-18 家庭房产信贷可得性

	正规信贷获得比例	正规信贷需求比例	非正规信贷获得比例	非正规信贷需求比例	正规信贷约束	非正规信贷约束
全国	9.5%	13.9%	9.1%	13.1%	32.1%	30.9%
城镇	11.7%	16.4%	7.3%	11.6%	28.6%	36.8%
农村	3.7%	7.6%	13.5%	17.1%	50.9%	20.9%

五、家庭汽车信贷可得性

从家庭购买汽车的信贷需求和信贷可得性来看,家庭因购买汽车对民间信贷的需求高于正规金融机构,尤其是农村地区,与此同时,民间借贷的可得性高于正规信贷。如表7-19所示,全国范围内,有正规汽车信贷需求的家庭整体比例为3.0%,正规汽车信贷获得比例为1.5%;有非正规汽车信贷需求的家庭比例为4.3%,非正规汽车信贷的获得比例为2.5%。城镇家庭的正规汽车信贷需求比例(3.3%)和获得比例(1.8%),均高于农村家庭的正规汽车信贷需求比例(2.4%)和获得比例(0.8%)。而农村家庭的非正规汽车信贷的需求比例(5.5%)和获得比例(3.5%),高于城镇家庭的非正规汽车信贷需求比例(3.8%)和获得比例(2.2%)。农村家庭的汽车正规信贷约束(65.9%),远高于城镇家庭的汽车正规信贷约束(45.8%);而城镇家庭的汽车非正规信贷约束(42.9%),要高于农村家庭的汽车非正规信贷约束(36.4%)。

表 7-19　家庭汽车信贷可得性

	正规信贷获得比例	正规信贷需求比例	非正规信贷获得比例	非正规信贷需求比例	正规信贷约束	非正规信贷约束
全国	1.5%	3.0%	2.5%	4.3%	50.3%	40.5%
城镇	1.8%	3.3%	2.2%	3.8%	45.8%	42.9%
农村	0.8%	2.4%	3.5%	5.5%	65.9%	36.4%

六、家庭教育信贷可得性

从家庭成员教育的信贷需求和信贷可得性来看,民间信贷的需求远高于正规信贷,但民间信贷可得性低于正规信贷,无论是正规信贷还是非正规信贷需求,农村地区都远高于城镇地区,农村地区对教育方面的资金需求更大,可得性都高于城镇地区。如表 7-20 所示,全国范围内,有正规教育信贷需求的家庭整体比例为 2.5%,正规教育信贷获得比例为 1.2%;有非正规教育信贷需求的家庭比例为 5.4%,非正规教育信贷的获得比例为 2.3%。农村家庭的正规教育信贷需求比例(3.4%)和获得比例(2.1%),要高于城镇家庭的正规教育信贷需求比例(2.1%)和获得比例(0.9%)。同时,农村家庭的非正规教育信贷的需求比例(7.2%)和获得比例(3.7%),也高于城镇家庭的非正规教育信贷需求比例(4.6%)和获得比例(1.8%)。城镇家庭的教育正规信贷约束(57.5%),远高于农村家庭的教育正规信贷约束(38.7%);城镇家庭的教育非正规信贷约束(61.6%),也远高于农村家庭的教育非正规信贷约束(48.7%)。

表 7-20　家庭教育信贷可得性

	正规信贷获得比例	正规信贷需求比例	非正规信贷获得比例	非正规信贷需求比例	正规信贷约束	非正规信贷约束
全国	1.2%	2.5%	2.3%	5.4%	50.1%	56.6%
城镇	0.9%	2.1%	1.8%	4.6%	57.5%	61.6%
农村	2.1%	3.4%	3.7%	7.2%	38.7%	48.7%

七、家庭医疗信贷可得性

从家庭对医疗的信贷需求和信贷可得性来看,医疗负债需求高,参与率低,信贷约束高。如表 7-21 所示,在全国范围内,有医疗负债需求的家庭整体比例为8.4%,参与医疗信贷的家庭比例为 5.2%,有医疗信贷约束的家庭比例为 38.8%。城镇家庭的医疗负债需求比例为 6.2%,远低于农村家庭的医疗负债需求的比例(14.0%)。

表 7-21 家庭医疗信贷可得性

	医疗负债参与	医疗负债需求比例	医疗信贷约束
全国	5.2%	8.4%	38.8%
城镇	3.5%	6.2%	43.7%
农村	9.3%	14.0%	33.5%

第四节 家庭债务风险

为了理解我国高负债与可支配收入的联系,本部分将总负债与可支配收入比率又分解成为家庭财务杠杆和总资产更新速率两部分,如公式 1 所示。其中,财务杠杆反映了家庭利用负债累积资产的能力,也反映了家庭的实际负债水平,该比率越高,则家庭负债的整体水平越高;总资产更新速率,则反映了家庭现在的实际可支配收入重置家庭资产的速率,该比率值越小,家庭的实际收入更新家庭资产的速率越快。但是,值得注意的是,总资产更新速率与家庭生命周期也相关,如新建家庭,有可能总资产并不高,但家庭可支配收入较高,则依然可得到较高的家庭资产更新率。

$$\text{公式 1:}\frac{\text{总负债}}{\text{可支配收入}}=\frac{\text{总负债}}{\text{总资产}}\times\frac{\text{总资产}}{\text{可支配收入}}=\text{财务杠杆}\times\text{总资产更新速率}$$

表 7-22 展示了家庭部门债务指标与偿债风险分解的情况。我国较高的总负债与可支配收入比,主要源于我国较慢的总资产更新速率。从我国家庭平均总资产更新速率来看,我国该比率为 11.4%,表明我国家庭现有可支配收入水平更新重置家庭资产平均需要约 11 年时间。从我国家庭财务杠杆来讲,2017 年我国家庭平均财务杠杆率为 6.2%,说明我国家庭的实际负债水平并不高。因此,通过对总负债进行分解为总负债与可支配收入比得知,影响我国家庭偿债风险的因素并非我国家庭偿债水平,而是源于我国家庭的平均总资产更新速率。具体来讲,我国家庭的高偿债风险主

要是由于我国家庭相对较低的收入水平所致。

我国城镇和农村以及东中西部地区之间的偿债风险也存在一定的差距。其中，城镇家庭的总资产更新速率为12.3年，而农村家庭的更新重置家庭资产平均需要6.9年。地区之间，东部地区家庭的总资产更新速率最慢，为14.0年；中部地区家庭和西部地区家庭的总资产更新速率分别为8.5年和8.3年。城镇家庭的财务杠杆率为5.8%，而农村家庭的财务杠杆率为9.8%。地区之间，东部地区家庭的财务杠杆率最低，为4.9%；中部地区家庭财务杠杆率为7.7%；西部地区家庭财务杠杆率最高，为10.1%。

表7-22　家庭部门债务指标与偿债风险分解

	总资产/可支配收入	总负债/可支配收入	净资产/可支配收入	总负债/总资产	总负债/净资产
全国	11.4	70.7%	10.7	6.2%	6.6%
城镇	12.3	71.2%	11.6	5.8%	6.1%
农村	6.9	67.8%	6.3	9.8%	10.8%
东部	14.0	68.7%	13.3	4.9%	5.2%
中部	8.5	65.0%	7.8	7.7%	8.3%
西部	8.3	83.7%	7.5	10.1%	11.2%

第五节　本章小结

本章介绍了我国家庭负债整体情况、家庭负债渠道、家庭信贷可得性及家庭债务风险等四方面的内容，本章要点总结如下：

第一，我国农村有债务的家庭比例高于城镇，但家庭债务规模远低于城镇，房产负债是家庭的主要负债。

第二，从借款渠道来看，民间借贷是非常重要的解决资金问题的渠道，从不同渠道的借贷额度来看，正规负债额度高于民间负债，城镇地区尤其明显，农村地区却有相反的结论，这是源于收入越高，家庭承担债务违约风险的能力越高，越容易获取正规贷款。对于农村地区，民间借贷行为是农村金融市场的重要组成部分，银行难以获取潜在贷方的还款能力信息，所以，农村地区大多是通过民间借贷的方式满足借贷需求。

第三，我国民间借贷的需求高于正规金融机构的银行贷款，城镇正规金融信贷可得性远高于农村地区，这是由于家庭的收入水平代表了家庭获取金融产品和服务的资源和能力，更高的收入意味着更低的债务违约风险。因此,信贷可得性大体应随收入水平的提高而增加,低收入群体的信贷可得性也应该处于低水平。信贷可得性的城乡差异反映了金融资源在不同地区或不同群体之间配置不均衡的问题,体现了我国金融市场发展不平衡、不充分的现状。

第四,我国家庭总负债与可支配收入比高达70.7%,然而实际负债水平并不高,平均财务杠杆率为6.2%。通过对总负债进行分解为总负债与可支配收入比得知,影响我国家庭偿债风险的因素并非是我国家庭偿债水平,而是源于我国家庭的平均总资产更新速率。具体来讲,我国家庭的高偿债风险主要是由于我国家庭相对较低的收入水平所致。

第八章　家庭收入与支出

习近平总书记指出，消除贫困、改善民生、实现共同富裕，是社会主义的本质要求。全面掌握中国居民收入水平及其变动趋势，是摸清家底的基础工作，有助于把握扶贫工作方向，有效评估各类脱贫攻坚政策的实施效果。同时从结构上看，考察不同收入阶层的收入变动，可以帮助我们及时了解收入差距变动的趋势，制定相应的税收转移支付等各类政策，助力实现共同富裕的目标。

2018 年，最终消费占 GDP 的比例已达 55.3%，消费已然成为拉动经济发展的重要引擎。然而进一步研究发现居民消费占 GDP 的比例仅为 38.7%，明显低于英美日韩等发达经济体及墨西哥、印度、巴西等发展中经济体。居民消费长期不足，储蓄过高已成为阻碍中国经济进一步发展的重要问题，拉动内需，构建以居民消费为主体的内需格局是中国经济保持持续健康发展的需要。同时我们需要看到，家庭间的消费具有极大的异质性，消费具有明显的生命周期的特征。因此，促消费政策对于不同家庭可能导致各异的效果，准确把握差异的存在才能精准施政，达到促消费的理想效果。

调查数据是反映家庭收入支出的重要数据来源，本章详细展示了家庭总收入以及各类分项收入，包括工资性收入、农业收入、工商业收入、财产性收入和转移性收入的结构特征及变动趋势。比较了不同区域、年龄、受教育程度的家庭在各类收入上的差异。在支出上，按照标准的支出分类方法，描述了包括消费性支出、转移性支出和保险支出在内的分项支出及总支出的水平及变动趋势，展示了区域、年龄、受教育程度对于家庭在各类支出上的影响。

第一节　家庭收入

一、家庭总收入概况

(一)家庭总收入

家庭总收入包括工资性收入、农业收入、工商业收入、财产性收入和转移性收入。如图 8-1 所示,2017 年,我国家庭户均总收入为 85497 元。城镇家庭户均总收入为 100173 元;农村家庭户均总收入为 48706 元。我国城乡家庭收入差距显著,我国长期存在的城乡二元经济结构、户籍制度的差别、社会保障制度的差异,以及政策的倾斜等诸多原因,造成了城乡收入差距很大①。

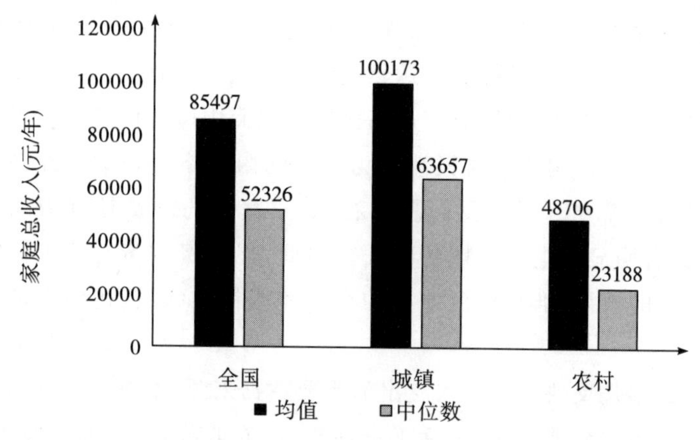

图 8-1　家庭总收入

按地区分,如图 8-2 所示,数据表明我国家庭收入分布呈现从东到西依次递减的特点,区域差异明显,东部地区与中西部地区的收入差异大。我国东、中、西部地区家庭户均收入分别为 107844 元、68271 元和 68217 元,中位数分别为 64294 元、46232 元、41499 元。东部地区由于自身区位优势以及国家政策的倾斜,成为先富起来的地区,地理人文环境的条件差异、区域发展的政策性变化等均是导致不同地区收入差距的原因。

①韩文龙,陈航:《当前我国收入分配领域的主要问题及改革路径》,《当代经济研究》2018 年第 7 期。

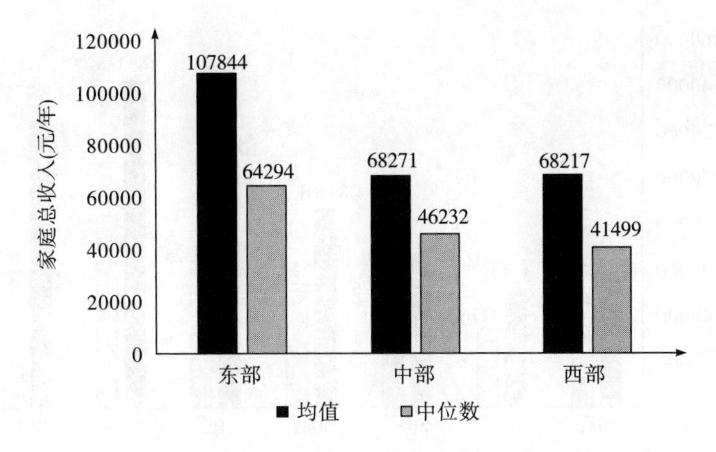

图 8-2 不同地区的家庭总收入

图 8-3 统计了户主学历与家庭总收入的分布情况。数据显示，户主教育程度越高，家庭收入越高，没上过学的户主家庭收入最低，均值为 32503 元，中位数为 13200 元。随着户主学历增加，年收入越高。户主学历为博士研究生的家庭收入最高，其年收入均值为 324566 元，中位数为 239305 元，凸显了较高的教育投资回报。

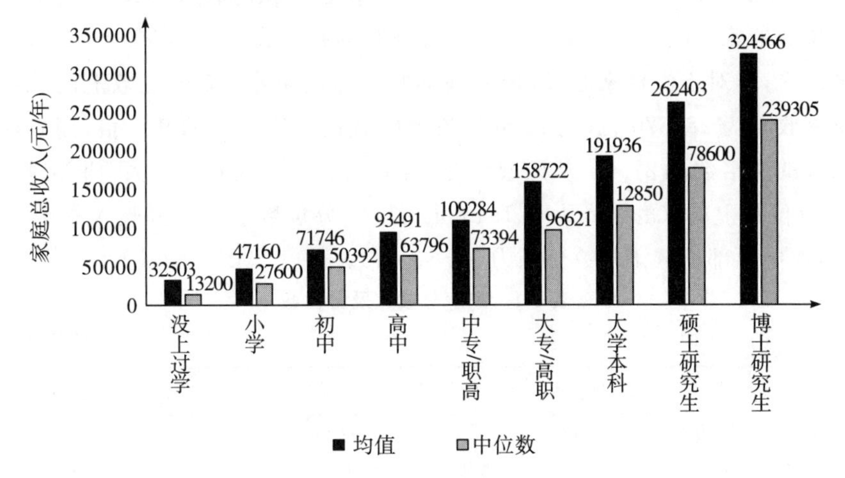

图 8-3 户主学历与家庭总收入

图 8-4 展示了户主年龄与家庭总收入的分布图。数据表明，当前 80、90 后家庭收入高，尤其是 80 后。随着户主年龄的增长，家庭收入越低。80 后的年收入均值最大，为 143335 元，其次是 90 后，其年收入的均值为 132975 元。80 后往上至 40 后，其收入水平逐渐下降，40 后的平均年收入为 52591 元，年收入在 30 后中有所回升，均值为 55836 元，但仍然低于其他年龄组。

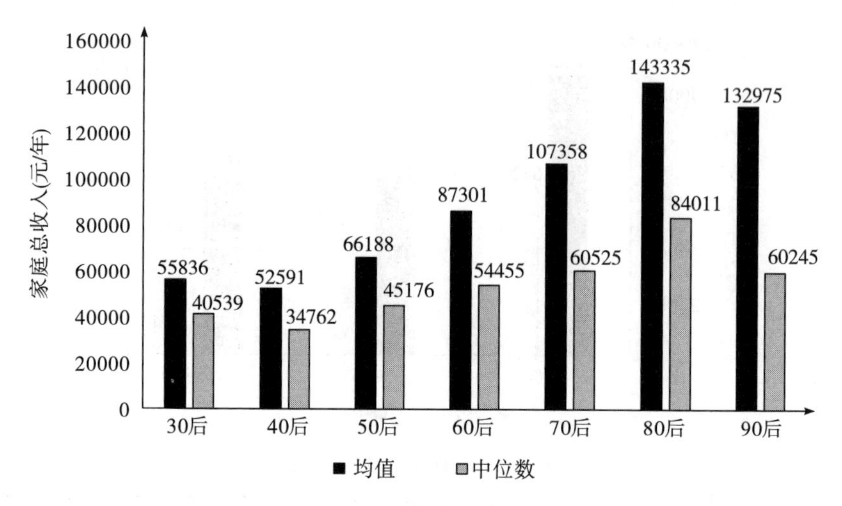

图 8-4　户主年龄与家庭总收入

(二)总收入结构

表 8-1 统计了 2017 年家庭总收入及分位数。2017 年,我国家庭收入均值为 85497 元,收入差距大,具体而言,从不同分位数的家庭收入来看,25 分位数的家庭年收入为 19552 元,75 分位数的家庭收入为 97954 元,90 分位数的家庭收入为 169707 元,95 分位数的家庭收入为 246604 元。从城乡来看,相对于农村家庭,城镇家庭的收入差距更小,95 分位数上的城镇家庭收入为 280670 元,是 25 分位数上的城镇家庭收入的 9.1 倍,而农村家庭的该倍数达 21.2。从区域来看,西部地区的收入差距更大,西部地区 95 分位数上的家庭收入为 201940 元,是 25 分位数上的家庭收入的 16.5 倍,而中西部地区该倍数分别为 11.6、11.3。

表 8-1　家庭总收入及分位数

(单位:元)

	均值	25 分位数	50 分位数	75 分位数	90 分位数	95 分位数
全国	85497	19552	52326	97954	169707	246604
城镇	100173	30759	63657	112370	192456	280670
农村	48706	6900	23188	55908	102500	146109
东部	107844	27205	64294	116855	205411	306850
中部	68271	17000	46232	81875	138943	196994
西部	68217	12207	41499	84933	145418	201940

表 8-2 展示了我国家庭总收入结构的情况。家庭总收入包括工资性收入、农业收入、工商业收入、财产性收入和转移性收入。工资性收入是我国家庭的主要收入来源,其次是转移性收入。2017 年,我国家庭户均总收

入为 85497 元，其中，工资性收入 40587 元，占家庭总收入的比例为 47.5 %；转移性收入 23334 元，占家庭总收入的 27.3%；工商业收入 15326 元，占家庭总收入的 17.9%；财产性收入为 3376 元，占家庭总收入的 3.9%；农业收入为 2874 元，占家庭总收入的 3.4%。

从城乡来看，城乡收入结构存在较大差异。农村家庭工资性收入占比、工商业收入占比及农业收入占比都高于城镇家庭，尤其是农业收入占比。城镇家庭的工商业收入占比及财产性收入占比远高于农村家庭，进一步发现，城乡居民收入差距的首要来源是工资性收入，其次是转移性收入，工资性收入和转移性收入对城乡收入差距的贡献分别为 45.4%、43.8%。因此，提高工资性收入及转移性收入在农民收入中的比例，对缩小城乡居民收入差距会有显著作用。

表 8-2　家庭总收入结构

收入构成	全国		城镇		农村	
	均值(元)	比例(%)	均值(元)	比例(%)	均值(元)	比例(%)
工资性收入	40587	47.5	47250	47.2	23883	49.0
农业收入	2874	3.4	1260	1.3	6918	14.2
工商业收入	15326	17.9	17486	17.5	9912	20.3
财产性收入	3376	3.9	4416	4.4	771	1.6
转移性收入	23334	27.3	29761	29.7	7223	14.8
家庭总收入	85497	100.0	100173	100.0	48706	100.0

表 8-3 统计了不同区域的家庭总收入结构的情况。按区域分，东部地区与中西部地区的收入结构差异明显，主要体现在工资性收入、工商业收入。东部地区工资性收入占比为 45.9%，低于中、西部地区的 48.7%、50.2%；工商业收入占比为 20.7%，远高于中、西部地区的 14.4%、14.7%。

表 8-3　地区与家庭总收入结构

收入构成	东部		中部		西部	
	均值(元)	比例(%)	均值(元)	比例(%)	均值(元)	比例(%)
工资性收入	49531	45.9	33272	48.7	34214	50.2
农业收入	2384	2.2	3435	5.0	3014	4.4
工商业收入	22326	20.7	9853	14.4	10016	14.7
财产性收入	4840	4.5	2396	3.5	2054	3.0
转移性收入	28763	26.7	19316	28.3	18920	27.7
家庭总收入	107844	100.0	68271	100.0	68217	100.0

表 8-4 统计了拥有各项收入的家庭占比。从全国来看，59.1%的家庭

有工资性收入,25.9%的家庭有农业收入,11.4%的家庭有工商业收入,70.0%的家庭有财产性收入,81.4%的家庭有转移性收入。城镇中除拥有农业收入的家庭占比外,拥有其余收入类型的家庭占比均高于农村家庭;城镇家庭有农业收入的比例为10.3%,远远低于农村家庭的64.8%。从表中还可以看出城乡地区有转移性收入的家庭占比大致相同。

表 8-4 拥有各项收入的家庭占比

	工资性收入	农业收入	工商业收入	财产性收入	转移性收入
全国	59.1%	25.9%	11.4%	70.0%	81.4%
城镇	62.2%	10.3%	12.8%	74.0%	81.3%
农村	51.2%	64.8%	7.8%	60.2%	81.6%
东部	60.7%	18.9%	11.5%	74.7%	81.9%
中部	59.0%	30.2%	11.8%	65.8%	81.3%
西部	56.3%	32.6%	10.5%	67.2%	80.5%

收入阶层按家庭收入分位数0%~20%、20%~40%、40%~60%、60%~80%、80%~100%分为低收入、中低收入、中等收入、中高收入、高收入五个阶层。

表8-5为2017年我国不同收入组的家庭总收入的情况(剔除了任一分项收入为负的样本)。数据表明,我国居民收入差距大,对居民收入差距贡献最大的是工资性收入,其次是工商业收入和转移性收入。可以看到,低收入家庭的户均工资收入仅为1469元/年,高收入组家庭中工资性收入均值可高达115659元/年,工资性收入对收入差距的贡献达到43.5%;低收入家庭的工商业收入仅为132元/年,高收入组家庭中工商业收入均值可高达73335元/年,对居民收入差距的贡献为27.9%,低收入家庭的转移性收入仅为2952元/年,高收入组家庭中转移性收入均值可高达57081元/年,对居民收入差距的贡献为20.6%。

表 8-5 不同收入组的家庭总收入

(单位:元)

	低收入组	较低收入组	中等收入组	较高收入组	高收入组
工资性收入	1469	13407	27953	48093	115659
农业收入	1442	2668	2536	2509	8346
工商业收入	132	1316	2965	6264	73335
财产性收入	183	496	932	1990	14405
转移性收入	2952	9814	19615	29509	57081
家庭总收入	6178	27701	54001	88365	268826

(说明:针对有家庭收入的家庭。)

表 8-6 展示了不同收入组的家庭总收入结构。如表所示，低收入组的家庭占比最高的收入为转移性收入，占 47.8%；其次为工资性收入 23.8% 和农业收入 23.3%。在较高收入组家庭中，工资性收入的占比呈上升趋势，而工资性收入占比在高收入组家庭中有所下降，为 43.0%。

表 8-6　不同收入组的家庭总收入结构

	低收入组	较低收入组	中等收入组	较高收入组	高收入组
工资性收入	23.8%	48.4%	51.8%	54.4%	43.0%
农业收入	23.3%	9.6%	4.7%	2.8%	3.1%
工商业收入	2.1%	4.8%	5.5%	7.1%	27.3%
财产性收入	3.0%	1.8%	1.7%	2.3%	5.4%
转移性收入	47.8%	35.4%	36.3%	33.4%	21.2%
家庭总收入	100.0%	100.0%	100.0%	100.0%	100.0%

（说明：针对有家庭收入的家庭。）

表 8-7 统计了不同收入组拥有各项收入的家庭占比情况。数据表明，收入越低的家庭，拥有工资性收入的家庭占比越低，拥有农业收入的家庭占比越高，拥有工商业收入的家庭占比越低；收入越高的家庭，拥有工资性的家庭占比越高，拥有农业收入的家庭占比越低，拥有工商业收入的家庭占比越高，拥有财产性收入的家庭占比越高。在低收入组家庭中，18.4% 拥有工资性收入，44.1%的家庭拥有农业收入，仅 3.2%的家庭拥有工商业收入，53.9%的低收入家庭拥有财产性收入，82.5%的家庭拥有转移性收入。在中等收入组家庭中，67.1%的家庭拥有工资性收入，23.7%的家庭拥有农业收入，10.0%的家庭拥有工商业收入，78.6%的家庭拥有财产性收入，82.5%的家庭拥有转移性收入。在高收入的家庭中，83.2%的家庭拥有工资性收入，13.0%的家庭拥有农业收入，24.5%的家庭拥有工商业收入，85.9%的家庭拥有财产性收入，84.6%的家庭拥有转移性收入。

表 8-7　不同收入组拥有各项收入的家庭占比

	低收入组	较低收入组	中等收入组	较高收入组	高收入组
工资性收入	18.4%	58.9%	67.1%	73.1%	83.2%
农业收入	44.1%	33.6%	23.7%	17.5%	13.0%
工商业收入	3.2%	8.3%	10.0%	11.9%	24.5%
财产性收入	53.9%	63.1%	72.5%	78.6%	85.9%
转移性收入	82.5%	79.6%	82.1%	82.5%	84.6%
家庭总收入	100.0%	100.0%	100.0%	100.0%	100.0%

（说明：针对有家庭收入的家庭。）

二、工资性收入

(一)工资性收入水平

如图8-5为不同收入组的家庭总收入结构。数据表明,我国城乡工资性收入差距显著。我国家庭户均工资性收入为68681元,中位数为49000元。城镇家庭的工资性收入均值为75923元,中位数为55227元;农村家庭的工资性收入均值为46624元,中位数为35600元。可以看到城镇家庭户均工资性收入高于农村家庭,并且城镇内部工资收入差距较大。

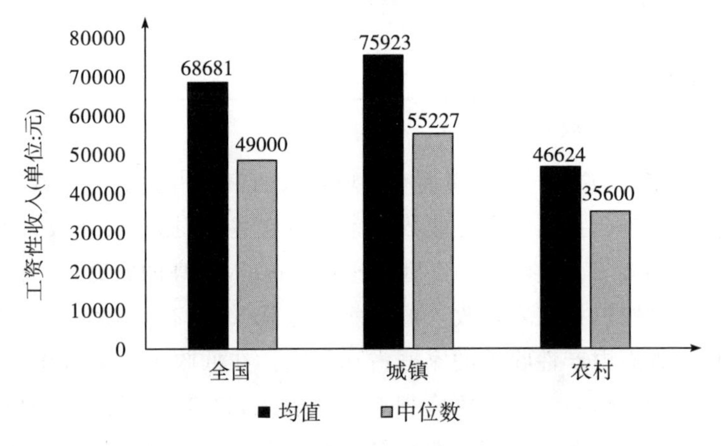

图8-5　家庭工资性收入

(说明:针对有工资性收入的家庭。)

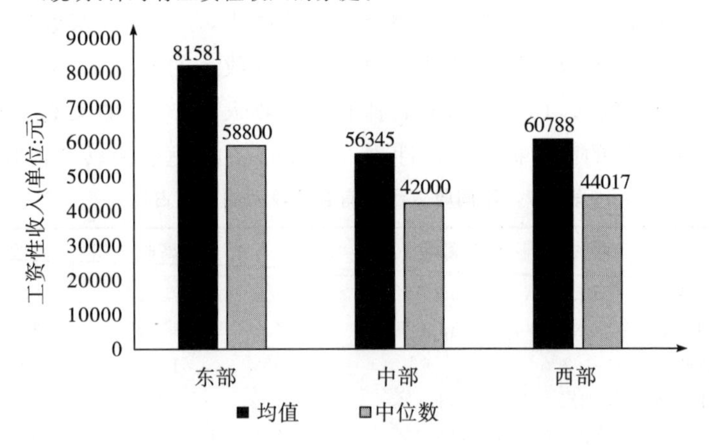

图8-6　地区与家庭工资性收入

(说明:针对有工资性收入的家庭。)

图 8-6 统计了不同区域与家庭工资性收入情况。东部与中西部地区工资收入存在明显差异，东部地区远高于中西部地区，与此同时，东部地区的收入差异较大。具体而言，东部地区家庭的工资性收入的均值为 81581 元，中位数为 58800 元，显著高于中西部地区家庭，均值与中位数的差距远高于中西部地区家庭，东部地区居民工资性收入差距大。中部地区家庭的工资性收入均值为 56345 元，中位数为 42000 元；西部地区家庭的工资性收入均值为 60788 元，中位数为 44017 元。

图 8-7 统计了户主学历与家庭工资性收入的情况。数据结果显示，随着户主学历的升高，其户均工资性收入逐渐升高，在户主为博士研究生的组达到最大值，为 212734 元。家庭工资性收入的中位数也符合这一趋势，随着户主学历的升高，其家庭工资性收入的中位数也逐渐升高，在户主为博士研究生时达到最大值 194000 元。

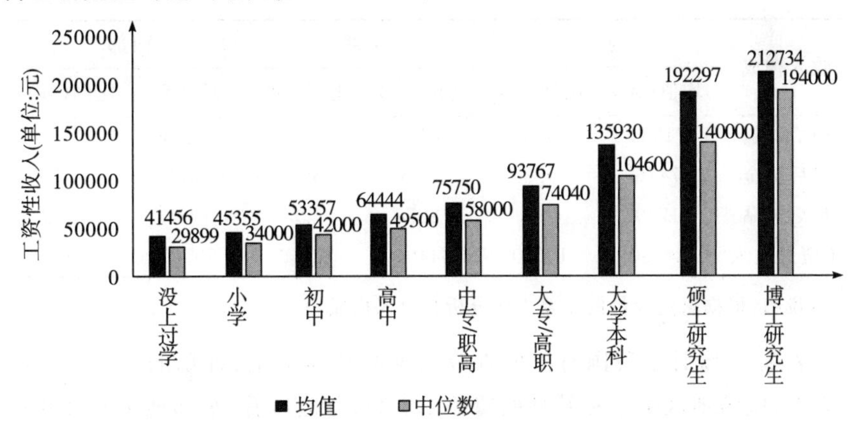

图 8-7　户主学历与家庭工资性收入

（说明：针对有工资性收入的家庭。）

（二）工资性收入结构

CHFS 统计了家庭工资性收入结构的情况。如表 8-8 所示，工资性收入包括税后工资、税后奖金和税后补贴，均值分别为 60936 元、5403 元和 1283 元，在工资性收入中的占比分别为 90.1%、8.0%、1.9%。从城乡来看，城镇家庭平均税后工资和税后奖金均值分别为 66446 元和 6589 元，占比分别为 89.1%和 8.8%；而农村家庭平均税后工资和税后奖金均值为 43022 元和 1549 元，均低于城镇家庭的该收入，而农村家庭的该两项收入在工资性收入的占比分别为 95.4%和 3.4%。

表 8-8 家庭工资性收入结构

收入构成	全国		城镇		农村	
	均值(元)	比例(%)	均值(元)	比例(%)	均值(元)	比例(%)
税后工资	60936	90.1	66446	89.1	43022	95.4
税后奖金	5403	8.0	6589	8.8	1549	3.4
税后补贴	1283	1.9	1521	2.0	511	1.1
工资总收入	67623	100.0	74556	100.0	45082	100.0

(说明:根据家庭成员的主要工作分析其收入构成。)

表 8-9 统计了东中西部家庭工资性收入的构成情况。从区域看,东部地区工资性收入中奖金和补贴的占比高于中西部地区。

表 8-9 家庭工资性收入结构

收入构成	东部		中部		西部	
	均值(元)	比例(%)	均值(元)	比例(%)	均值(元)	比例(%)
税后工资	71364	88.6	50139	92.2	55471	91.6
税后奖金	7476	9.3	3438	6.3	4071	6.7
税后补贴	1739	2.2	827	1.5	1024	1.7
工资总收入	80580	100.0	54403	100.0	60565	100.0

(说明:根据家庭成员的主要工作分析其收入构成。)

表 8-10 统计了我国有工资性收入家庭获得奖金、补贴的比例。从城乡来看,城镇地区奖金和补贴的覆盖率更高;分区域看,东部地区奖金和补贴的覆盖率更高。从全国来看,有奖金的家庭占比为 38.3%,有税后补贴的家庭占比为 27.0%,城镇家庭中有税后奖金的占比为 41.8%,农村家庭占比为 26.8%。城镇家庭有税后补贴的比例为 29.2%,农村家庭为 19.9%,说明农村家庭享受到了更多的税后工资性补贴。从地区之间来看,东部地区的家庭获得税后奖金的比例为 43.4%,获得税后补贴的比例为30.7%,远高于中西部地区家庭获得的税后奖金和税后补贴比例。

表 8-10 有工资性收入家庭获得奖金、补贴的比例

	全国	城镇	农村	东部	中部	西部
税后奖金	38.3%	41.8%	26.8%	43.4%	33.1%	35.3%
税后补贴	27.0%	29.2%	19.9%	30.7%	24.1%	23.7%

(说明:根据家庭成员的主要工作情况分析。)

图 8-8 统计了户主学历与有奖金收入的家庭占比。如图所示,随着户主学历的增加,有奖金收入的家庭的比例逐渐增加。在户主为博士研究生的家庭中,有奖金收入的家庭占 69.4%,达到最高。

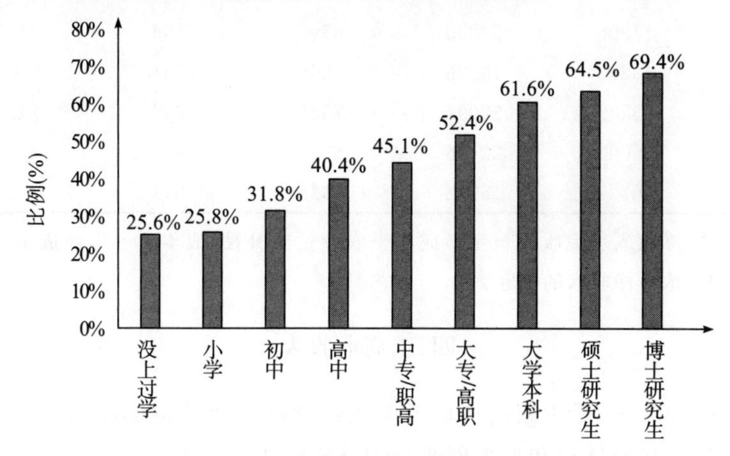

图 8-8　户主学历与有奖金收入的家庭占比

(说明:根据家庭成员的主要工作情况分析,针对有主要工作的家庭。)

三、农业收入

家庭农业收入指家庭从事农业生产经营所获得的净收入,即农业毛收入减去农业生产成本,再加上从事农业生产经营获得的食物补贴和货币补贴。农业生产成本包括家庭因农业生产经营而产生的雇佣成本及其他成本。本节数据及图表仅描述有农业收入的家庭。

表 8-11 展示了家庭农业生产经营收入概况。数据表明,从城乡看,城镇农业生产经营收入略高于农村,差异不明显;从区域看,西部地区农业收入远低于东部、中部地区,但成本率低于东部、中部地区。全国家庭农业生产经营毛收入均值为 20028 元,农业生产成本均值为 6931 元,成本率为 34.6%。从城乡之间来看,城镇家庭的农业生产经营收入和农村家庭的情况差异不大,城镇家庭农业生产经营毛收入为 20860 元,生产成本为 6590 元;农村家庭的农业生产经营毛收入为 19696 元,生产成本为 7068 元。地区之间有明显差异,其中,东部和中部家庭的农业生产经营毛收入分别为 22091 元和 22436 元,生产成本率分别为 34.3%和 36.9%;而西部地区家庭的农业生产经营毛收入为 15018 元,生产成本率为 30.8%。由此可见,中部地区家庭的生产成本最高,而西部地区家庭的农业生产成本最低。

表 8-11 家庭农业生产经营收入概况

	净收入(元)	毛收入(元)	生产成本(元)	补贴(元)	成本率(%)
全国	13744	20028	6931	647	34.6
城镇	14906	20860	6590	636	31.6
农村	13280	19696	7068	651	35.9
东部	15202	22091	7585	697	34.3
中部	15000	22436	8289	854	36.9
西部	10737	15018	4628	348	30.8

(说明:净收入=毛收入-生产成本+农业生产补贴;成本率=生产成本÷毛收入。针对有农业净收入的家庭。)

四、工商业收入

工商业收入,是指家庭从事工商业经营项目所获得的净收入,工商业经营项目包括个体户和自主创业。CHFS统计家庭工商业收入情况,如图8-9所示,城镇家庭工商业收入高于农村家庭。2017年,全国家庭工商业收入均值为145655元,其中,城镇家庭工商业收入均值为149031元,农村家庭工商业收入均值为131702元。由此可见,从事工商业经营的城镇家庭净收入均值大于从事工商业经营的农村家庭,但两者均值差异不大。从事工商业经营的城镇家庭净收入中位数为50000元,而从事工商业经营的农村家庭净收入中位数仅为30000元。

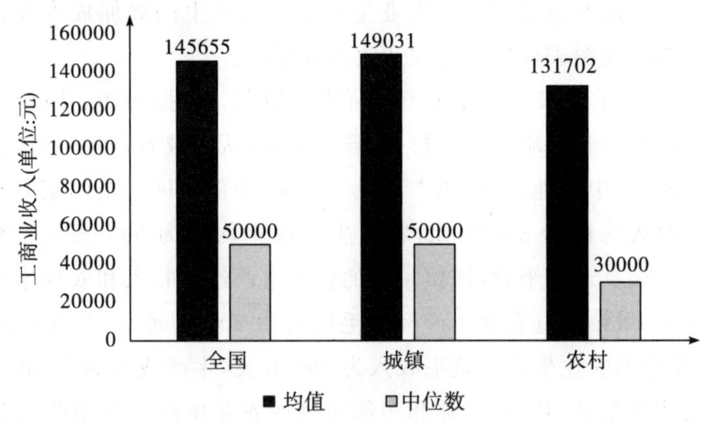

图 8-9 家庭工商业收入

(说明:针对有工商业收入的家庭)

图8-10统计了不同区域与家庭工商业收入的情况。数据表明,东部

地区家庭工商业收入远高于中西部地区家庭。东部地区家庭的工商业收入均值最高,为 208594 元/年,中部地区家庭的工商业收入均值为 89778 元/年,西部地区家庭的工商业收入为 104240 元/年。

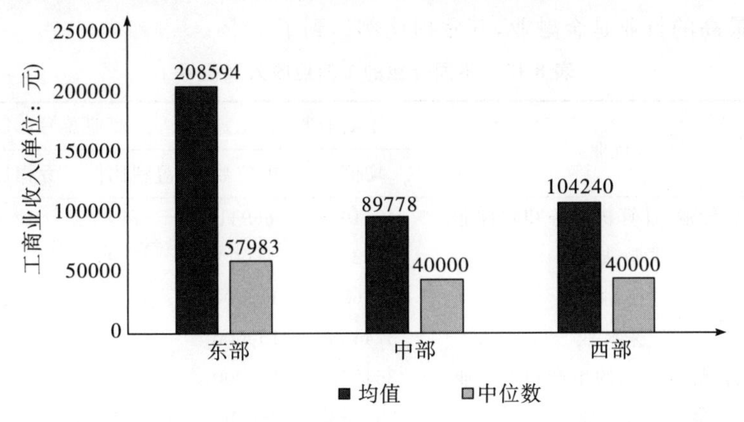

图 8-10 地区与家庭工商业收入

(说明:针对有工商业收入的家庭。)

图 8-11 统计了户主学历与家庭工商业收入。数据显示,随着户主学历的增加,家庭户均工商业收入逐渐增加,且远高于较低户主学历家庭。大专高职及以上学历的户主家庭工商业收入远高于其他家庭,高等教育对提升家庭收入有显著的影响。

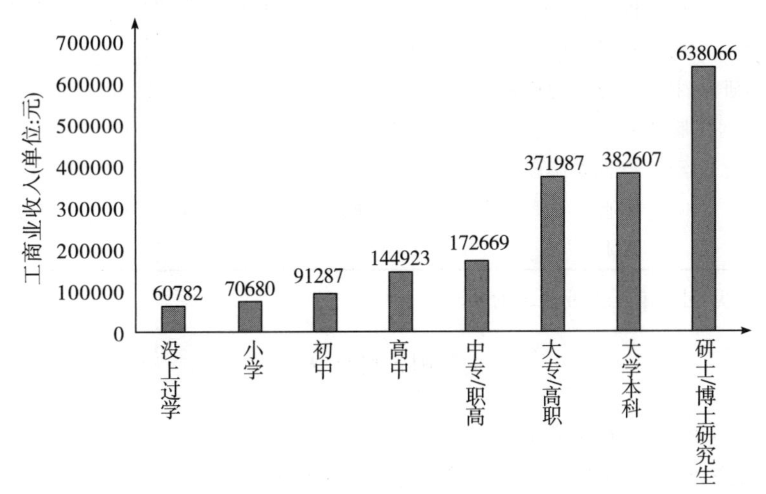

图 8-11 户主学历与家庭工商业收入

(说明:针对有工商业收入的家庭。)

表 8-12 统计了行业分布与工商业盈亏及工商业收入情况。如表 8-12

所示,全国工商业收入均值位列前三的行业为信息传输、计算机服务和软件业,制造业,金融业,其工商业收入均值分别为461106元、425211元和375695元。盈利比例最高的行业是采矿业,盈利的比例为90.9%。亏损比例最高的行业是金融业,其亏损比例达到了18%。

表8-12　不同行业的工商业收入及盈亏

行业	工商业收入(元)		工商业盈亏(%)	
	均值	中位数	盈利比例	亏损比例
信息传输、计算机服务和软件业	461106	86941	71	12.6
制造业	425211	72000	75.9	6.5
金融业	375695	150000	56.7	18
采矿业	374438	150000	90.9	9.1
电力、煤气及水的生产和供应业	354867	100000	53.7	10.3
教育业	283253	95000	66.9	4.9
房地产业	269347	100000	75.2	9.7
建筑业	188228	90000	75.7	9.2
租赁和商务服务业	182492	60000	75.5	4.4
水利、环境和公共设施管理业	179395	100000	81	1.6
文化、体育和娱乐业	152334	41140	68.5	5.7
卫生、社会保障和社会福利业	147625	60000	79.6	4.6
住宿和餐饮业	101610	50000	75.1	9.1
批发和零售业	98266	30000	72.9	7.5
科学研究、技术服务和地质勘察业	81252	59313	22	11.6
居民服务和其他服务业	80368	36000	69.9	8.9
交通运输、仓储及邮政业	75040	50000	80.2	6.9
其他	213585	58307	68.6	14.1
总体	145964.5	50000	73.4	8.0

(说明:针对有工商业收入的家庭。)

五、财产性收入

(一)财产性收入水平

财产性收入主要包括金融资产收入、房屋土地出租收入以及汽车保险理赔收入。其中,金融资产收入包括定期存款利息收入、股票差价或分红收入、债券投资获得的收入、基金差价或分红收入、金融衍生产品投资收入、金融理财产品获得的收入、非人民币资产投资获得的收入、黄金和外汇等投资获得的收入。房屋土地出租收入包括土地出租获得的租金及土地分红、房屋出租获得的租金和商铺出租的租金收入等。本节数据及图表仅描述有财产性收入的家庭。

图 8-12 统计了我国家庭财产性收入。如图所示，城镇家庭财产性收入远高于农村家庭。全国家庭财产性收入均值为 5327 元，其中，城镇家庭财产性收入均值为 6639 元，农村家庭财产性收入均值为 1284 元。

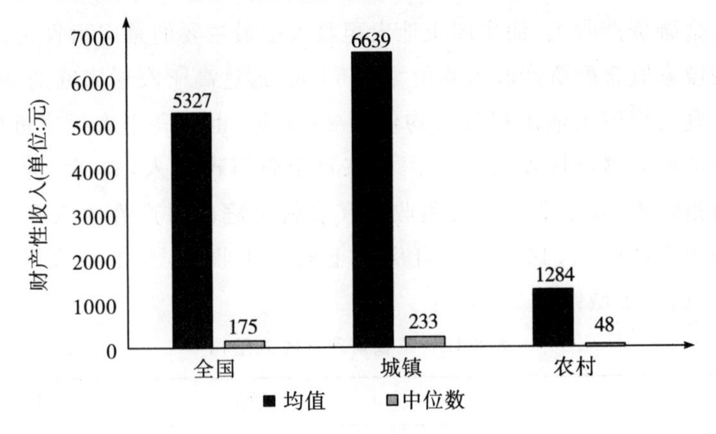

图 8-12　家庭财产性收入

（说明：针对有财产性收入的家庭。）

CHFS 统计了不同区域家庭财产性收入的情况。如图 8-13 所示，东部地区家庭财产性收入远高于中西部地区。我国东、中、西部地区家庭财产性收入均值分别为 7301 元、3885 元和 3270 元。

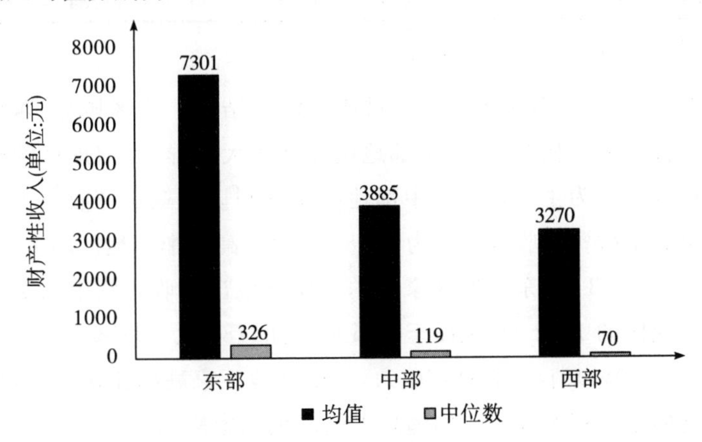

图 8-13　地区与家庭财产性收入

（说明：针对有财产性收入的家庭。）

(二)财产性收入结构

表 8-13 展示了我国家庭财产性收入结构。数据结果显示,我国家庭财产性收入以金融资产收入为主。2017 年,我国金融资产收入均值为 3005 元,占总收入的 56.4%;房屋土地出租收入均值为 2322 元,占财产性收入的 43.6%;土地出租收入均值为 272 元,占财产性收入的5.1%;房租收入为 2050 元,占财产性收入的 38.5%。由此可见,财产性收入中贡献最大的是金融资产收入,而房屋土地出租收入中最主要的是房租收入。

城镇家庭金融资产收入均值为 3758 元,远远高于农村家庭的 682 元;城镇家庭的房屋土地出租收入均值为 2881 元,也远高于农村家庭的 601 元。城镇家庭财产性收入的 56.4%来自金融资产收入,43.6%来自房屋土地出租收入,且主要来自房租收入。农村家庭的财产性收入有 53.2%来自金融资产收入,46.8%来自房屋土地出租收入,且地租收入占比为 29.6%,远高于城镇的 3.6%。

表 8-13 家庭财产性收入结构

	全国		城镇		农村	
	均值(元)	比例(%)	均值(元)	比例(%)	均值(元)	比例(%)
金融资产收入	3005	56.4	3758	56.6	682	53.2
房屋土地出租	2322	43.6	2881	43.4	601	46.8
地租收入	272	5.1	238	3.6	379	29.6
房租收入	2050	38.5	2643	39.8	222	17.3
财产性收入	5327	100.0	6639	100.0	1284	100.0

(说明:针对有财产性收入的家庭。)

表 8-14 统计了不同区域家庭财产性收入结构。按区域分,西部地区家庭财产性收入结构与东部、中部地区存在较大差异,西部地区的财产性收入以房租收入为主,而东部、中部地区家庭则以金融资产收入为主。东部地区家庭金融资产收入均值为 4308 元,远远高于中部地区的 2292 元和西部地区的 1343 元;东部地区家庭的房屋土地出租收入均值为 2686 元,高于中部地区的 1272 元,也高于西部地区的 1784 元。东部地区家庭的财产性收入 59.0%来自金融资产收入,与中部地区家庭的比例持平,东中部地区家庭的金融资产收入比例远高于西部地区家庭的 41.1%,表明东部、中部地区家庭的投资理财意识更强。

表 8-14　地区与家庭财产性收入结构

	东部		中部		西部	
	均值(元)	比例(%)	均值(元)	比例(%)	均值(元)	比例(%)
金融资产收入	4308	59.0	2292	59.0	1343	41.1
房屋土地出租	2992	41.0	1594	41.0	1927	58.9
地租收入	307	4.2	322	8.3	143	4.4
房租收入	2686	36.8	1272	32.7	1784	54.6
财产性收入	7301	100.0	3885	100.0	3270	100.0

(说明:针对有财产性收入的家庭。)

六、转移性收入

转移性收入包括关系性收入、征地拆迁补贴、政府补贴(非农业)、退休养老收入、保险收入及其他收入。其中,关系性收入包括春节和中秋节等节假日收入、红白喜事、教育、医疗、生活费、继承遗产和其他收入等;征地拆迁补贴主要包括房屋拆迁的货币补偿、房屋拆迁时的房屋补偿(当时的价值)、土地征收的货币补偿金额;政府补贴包括特困户补助金、独生子女奖励金、五保户补助金、抚恤金、救济金、赈灾款、食物补贴、退耕还林等;其他收入包括博彩收入、知识产权收入、辞退金、打牌打麻将收入等。本节数据及图表仅描述有转移性收入的家庭。

(一)转移性收入差异

CHFS统计了我国家庭转移性收入的情况。如图 8-14 所示,我国城镇家庭转移性收入远远高于农村家庭。全国家庭转移性收入均值为 28679 元,中位数为 8000 元,可见转移性收入差距较大。其中,城镇家庭转移性收入均值为 36619 元,中位数为 20000 元;农村家庭转移性收入均值为 8853 元,远低于城镇家庭,中位数为 2460 元,可见在转移性收入方面,无论是均值还是中位数,城镇家庭都远远高于农村家庭,因此,缩小城乡差距可以考虑从实施有激励性的转移支付的政策点出发,养老金和离退休金、医疗保险、住房公积金以及企业年金都成为扩大转移性收入差距的影响因素,家庭间转移性收入、政府补贴和失业保险可以在一定程度上缩小转移性收入差距。

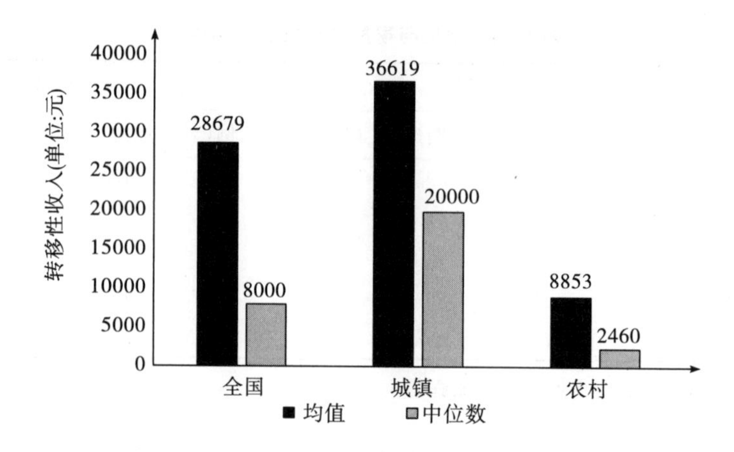

图 8-14　家庭转移性收入

（说明：针对有转移性收入的家庭。）

图 8-15 展示了不同区域家庭转移性收入。如图所示，东部地区转移性收入远高于中部、西部地区。东部地区的转移支付收入均值为 35133 元，中位数为 13000 元；中部地区转移支付收入均值为 23754 元，中位数为 5419 元；西部地区转移支付收入均值为 23496 元，中位数为 5000 元。

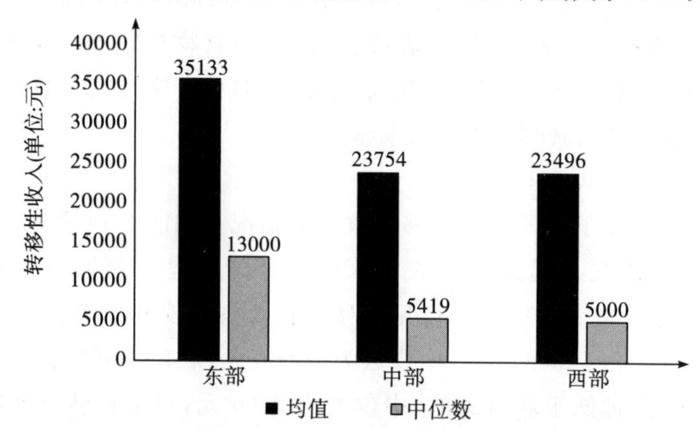

图 8-15　地区与家庭转移性收入

（说明：针对有转移性收入的家庭。）

（二）转移性收入结构

表 8-15 展示了我国家庭转移性收入结构的情况。转移性收入包括退休养老收入、征地拆迁补贴、关系收入、保险收入、政府补贴（非农业）及其他收入。我国转移性收入以退休养老收入为主。其中，全国退休养老金收入均值为 18252 元，占转移性支付收入的 63.6%；其次为关系性收入，均值

为3053元，占转移性支付收入的10.6%。由此可见，转移性收入中贡献最大的是退休养老收入，其次是关系收入和保险收入。

从城乡来看，家庭户均转移性收入不仅在总量上有差别，在结构上也不同。城镇家庭退休养老收入在转移性收入中占比达到66.2%，远远高于农村家庭的退休养老收入在转移性支付收入中的占比，仅37.1%。城镇家庭的征地补偿、住房拆迁补偿、关系收入、公积金，远高于农村家庭；农村家庭的社会救济略高于城镇家庭；而城镇家庭的其他收入高于农村家庭。

表8-15　家庭转移性收入结构

转移性收入构成	全国		城镇		农村	
	均值(元)	比例(%)	均值(元)	比例(%)	均值(元)	比例(%)
退休养老收入	18252	63.6	24248	66.2	3281	37.1
公积金	2308	8.0	3145	8.6	218	2.5
社会救济	680	2.4	617	1.7	837	9.5
关系收入	3053	10.6	3395	9.3	2199	24.8
工作辞退赔偿	8	0.03	9	0.02	5	0.1
征地补偿	2185	7.6	2528	6.9	1328	15.0
住房拆迁补偿	1813	6.3	2224	6.1	787	8.9
汽车保险理赔	125	0.4	152	0.4	57	0.6
商业保险理赔	56	0.2	57	0.2	52	0.6
其他收入	200	0.7	245	0.7	89	1.0
总转移性收入	28679	100.0	36619	100.0	8853	100.0

(说明：针对有转移性收入的家庭。)

表8-16展示了不同区域家庭转移性收入结构的构成情况。按地区分，不同区域家庭户均财产性收入结构存在一定的差异。2017年，东部地区家庭转移性收入中，退休养老收入占比最高，达66.0%，西部地区最低，为59.8%。西部地区家庭转移收入中，征地补偿占比最高，为10.9%，东部地区最低，为6.7%。受经济发展程度的影响，东部地区率先发展，养老保障体系发展更有领先优势，更多的家庭可以获取退休养老收入，而西部地区因相对发展缓慢，城镇开发落后于东部地区，在开发建设中，家庭的征地补偿收入占比较高。

表 8-16　地区与家庭转移性收入结构

转移性收入构成	东部		中部		西部	
	均值(元)	比例(%)	均值(元)	比例(%)	均值(元)	比例(%)
退休养老收入	23184	66.0	14668	61.7	14057	59.8
公积金	3126	8.9	1564	6.6	1807	7.7
社会救济	569	1.6	781	3.3	748	3.2
关系收入	3292	9.4	3256	13.7	2357	10.0
工作辞退赔偿	8	0.02	9	0.04	5	0.02
征地补偿	2346	6.7	1682	7.1	2552	10.9
住房拆迁补偿	2098	6.0	1572	6.6	1615	6.9
汽车保险理赔	150	0.4	83	0.4	136	0.6
商业保险理赔	66	0.2	29	0.1	72	0.3
其他收入	295	0.8	111	0.5	146	0.6
总转移性收入	35133	100.0	23754	100.0	23496	100.0

(说明:针对有转移性收入的家庭。)

(三)征地拆迁补贴

图 8-16 展示了家庭因土地征收获得的补贴收入情况。数据表明,城镇地区土地征收补偿远高于农村地区,东部、中部地区拆迁补偿高于西部地区。全国征地拆迁补贴均值为 61090 元,中位数为 16800 元,可见征地拆迁补贴差异较大。其中,城镇家庭征地拆迁补贴均值为 73647 元,中位

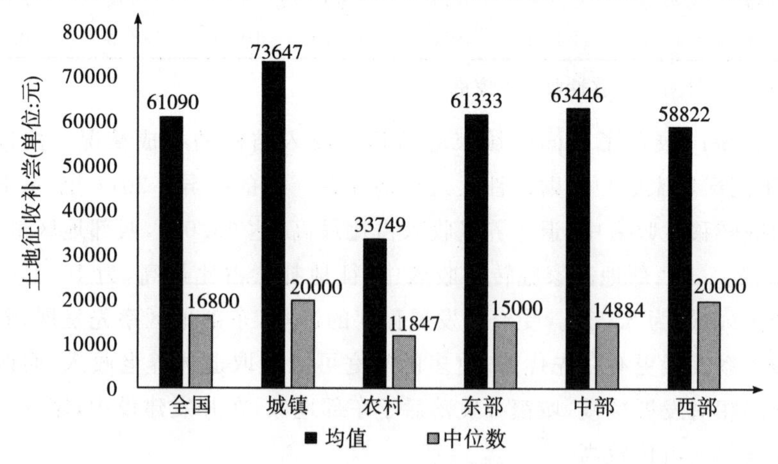

图 8-16　家庭因土地征收获得的补贴收入

(说明:针对有土地征收补偿收入的家庭。)

数为 20000 元;农村家庭征地拆迁补贴均值为 33749 元,中位数为 11847 元,远远低于城镇家庭。地区之间的家庭征地拆迁补贴的差异均值不大,东部地区家庭均值为 61333 元,中部地区家庭均值为 63446 元,西部地区家庭均值为 58822 元。西部地区家庭征地拆迁补贴的中位数为 20000 元,高于东部地区和中部地区。

图 8-17 统计了我国家庭因房屋拆迁获得的补贴收入情况。数据表明,受房价和经济发展差异的影响,城镇地区家庭房屋拆迁补偿高于农村地区,东部地区家庭房屋拆迁补偿远高于中西部地区。全国房屋拆迁补贴均值为 421283 元,中位数为 180000 元,可见房屋拆迁补贴差异巨大。其中,城镇家庭房屋拆迁补贴均值为 443615 元,中位数为 200000 元;农村家庭房屋拆迁补贴均值为 310847 元,中位数为 100500 元,远远低于城镇家庭。地区之间的家庭房屋拆迁补贴的差异巨大,东部地区家庭房屋拆迁补贴均值为 618153 元,远高于中部地区家庭的均值 344692 元和西部地区家庭的均值 288143 元。东部地区家庭征地拆迁补贴的中位数为 218000 元,高于中部地区和西部地区。

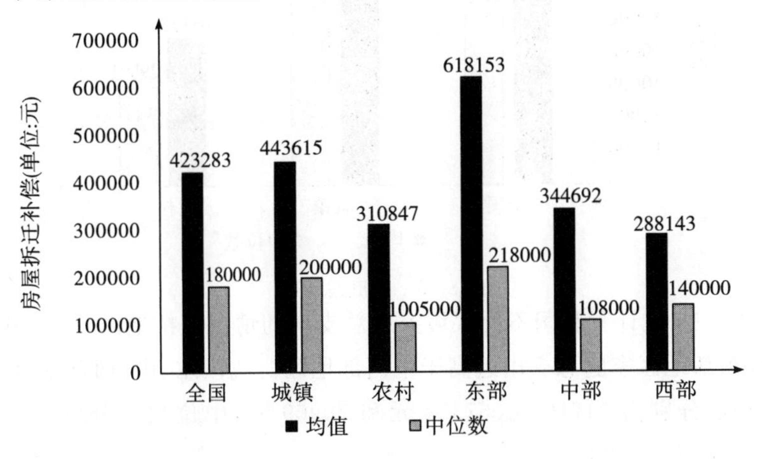

图 8-17 家庭因房屋拆迁获得的补贴收入

(说明:针对有房屋拆迁补偿收入的家庭。)

第二节　家庭支出

一、家庭总支出概况

(一)家庭总支出水平

CHFS统计了我国家庭总支出的情况,如图8-18所示,2017年,我国城镇家庭的总支出远高于农村家庭。我国家庭支出均值为78846元,中位数为51147元。城镇家庭支出均值为92298元,中位数为60962元;农村家庭支出均值为45125元,中位数为29891元,城镇家庭总支出为农村家庭的2.04倍。

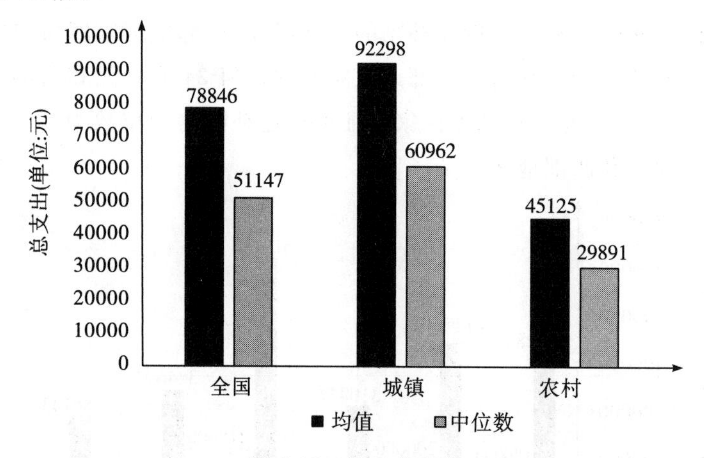

图8-18　家庭总支出

图8-19统计了我国不同区域家庭总支出的情况。按地区分,如图8-19所示,东部地区家庭总支出远高于中西部地区。我国东、中、西部地区家庭支出均值分别为91710元、67332元和70969元,中位数则分别为57794元、45576元、47326元。

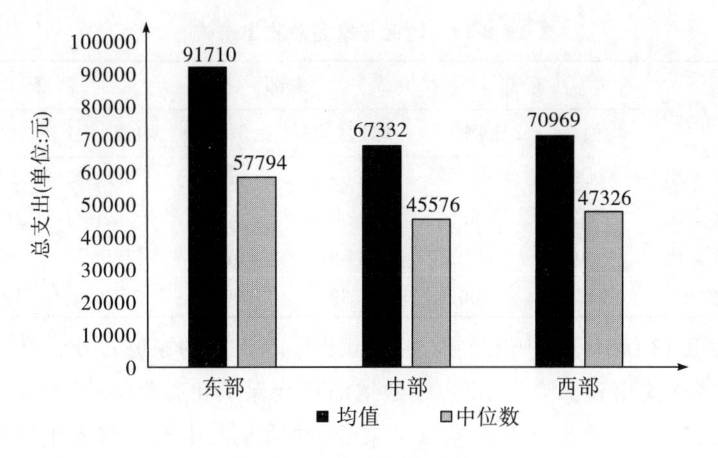

图 8-19　地区与家庭总支出

(二)家庭总支出结构

表 8-17 统计了我国家庭总支出结构的情况。家庭总支出包括消费性支出、转移性支出和保险支出。我国家庭总支出以消费性支出为主，占比达 82.9%。从城乡来看，家庭总支出结构存在差异。城乡家庭消费性支出占比分别为 81.8%和 88.6%；城镇家庭的转移性支出占比与农村家庭持平，城镇家庭的保险支出占比则远高于农村家庭，一方面，可能受制于收入；另一方面，农村家庭可能保险意识较淡薄。

表 8-17　家庭总支出结构

支出构成	全国		城镇		农村	
	均值(元)	比例(%)	均值(元)	比例(%)	均值(元)	比例(%)
消费支出	65366	82.9	75496	81.8	39970	88.6
转移支出	4392	5.6	5156	5.6	2477	5.5
保险支出	9088	11.5	11646	12.6	2678	5.9
总支出	78846	100.0	92298	100.0	45125	100.0

表 8-18 统计了我国不同区域家庭总支出结构的情况。数据表明，东部地区消费性支出占比最低，西部地区占比最高。东部地区的消费支出占比在地区间最小为 81.3%；中部地区家庭消费支出占总支出的 84.2%；西部地区家庭的消费支出占总支出的 84.9%。东部地区的保险支出均值最高，为 12089 元，占比 13.2%，表明东部地区家庭对于保险的接受程度和配置额度要高于中西部地区。

表 8-18　地区与家庭总支出结构

支出构成	东部		中部		西部	
	均值(元)	比例(%)	均值(元)	比例(%)	均值(元)	比例(%)
消费支出	74600	81.3	56688	84.2	60244	84.9
转移支出	5022	5.5	4243	6.3	3470	4.9
保险支出	12089	13.2	6400	9.5	7254	10.2
总支出	91710	100.0	67332	100.0	70969	100.0

表 8-19 统计了我国有转移性支出及保险支出的家庭占比。从全国来看,有转移支出和保险支出(主动缴纳的社会保险和商业保险)的家庭占比分别为:76.1%和 88.5%。从城乡来看,城镇家庭中有转移支出的家庭占比为 78.3%,高于农村家庭的 69.8%;有保险支出的家庭占比为 77.2%,远远低于农村家庭的 91.9%,因为国家实施的新农合,使得农村地区的保险覆盖率较高。按地区分,西部地区的保险支出比例最高,其次是中部地区,东部地区保险支出比例最低。

表 8-19　有转移性支出及保险支出的家庭占比

	全国	城镇	农村	东部	中部	西部
转移性支出	76.1%	78.7%	69.6%	76.7%	78.5%	71.8%
保险支出	88.5%	86.1%	94.6%	85.2%	90.7%	91.5%

二、家庭消费性支出

家庭消费性支出是日常生活所发生的支出,包括食品支出、衣着支出、生活居住支出、日用品与耐用品支出、医疗保健支出、交通通信支出、教育娱乐支出和其他支出八个部分。

(一)消费性支出水平

图 8-20 统计了我国家庭消费性支出的情况。数据表明,我国城乡居民消费性支出差距大,而居民消费最大的影响因素是居民可支配收入[①],收入限制了农村家庭的消费。我国家庭消费性支出均值为 65366 元,中位数为 42862 元;城镇家庭消费性支出均值为 75496 元,中位数为 50226 元;农村家庭消费性支出均值为 39970 元,中位数为 25890 元。

①唐艳:《影响我国城镇居民消费性支出的因素分析》,《商》2016 年第 32 期。

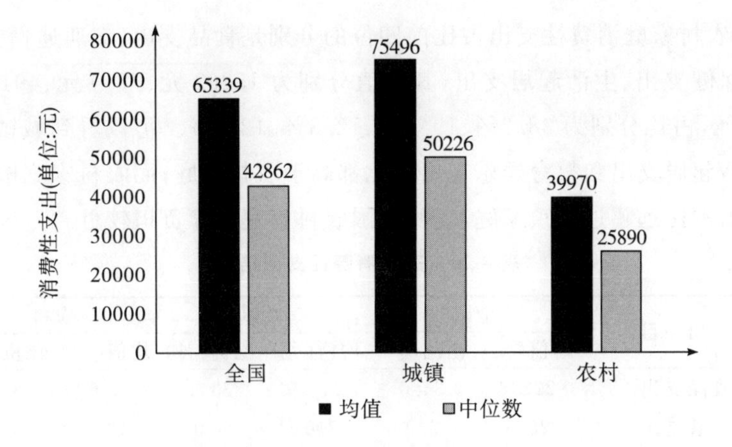

图 8-20 家庭消费性支出

图 8-21 展示了我国不同区域家庭消费性支出的情况。数据表明,东部地区家庭消费性支出远高于中西部地区。我国东、中、西部地区家庭消费性支出均值分别为 74600 元、56688 元和 60244 元。

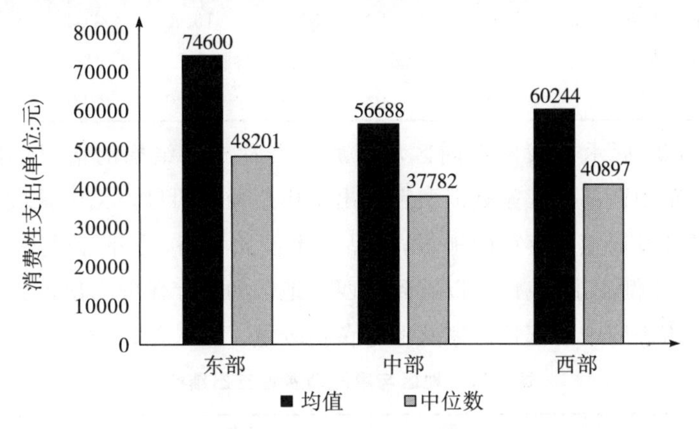

图 8-21 地区与家庭消费性支出

(二)消费性支出结构

表 8-20 展示了我国家庭消费性支出结构的情况。数据表明,食品支出是我国家庭消费性支出的主体,其次是交通通信支出、生活起居支出及教育娱乐支出。如表 8-20 所示,全国家庭消费性支出占比前四位分别是:食品支出、交通通信支出、生活起居支出、教育娱乐支出,其均值分别为 22208 元、13172 元、8432 元、6746 元,在消费性支出中占比分别为34.0%、20.2%、12.9%、10.3%,共计 77.4%。从城乡来看,家庭消费性支出在总量上有别,在结构上也略有不同。城镇家庭消费性支出结构与全国基本一

致;但农村家庭消费性支出占比前四位的分别是食品支出、交通通信支出、医疗保健支出、生活起居支出,其均值分别为15262元、7740元、4913元、4821元,占比分别为38.2%、19.4%、12.3%、12.1%。可以看到城镇家庭的生活起居支出和教育娱乐支出占比都高于农村家庭;而农村家庭医疗保健支出占比远超过城镇家庭,表明我国农村家庭医疗负担较重。

表8-20 家庭消费性支出结构

支出项目	全国		城镇		农村	
	均值(元)	比例(%)	均值(元)	比例(%)	均值(元)	比例(%)
食品支出	22208	34.0	24979	33.1	15262	38.2
衣着支出	2529	3.9	3004	4.0	1339	3.3
生活起居支出	8432	12.9	9873	13.1	4821	12.1
日用品及耐用品	5708	8.7	6996	9.3	2479	6.2
医疗保健支出	5869	9.0	6250	8.3	4913	12.3
交通通信支出	13172	20.2	15339	20.3	7740	19.4
教育娱乐支出	6746	10.3	8158	10.8	3204	8.0
其他支出	701	1.1	895	1.2	214	0.5
消费总支出	65366	100.0	75496	100.0	39970	100.0

表8-21展示了我国不同区域家庭消费性支出结构的情况。数据表明,我国东中西部地区家庭消费性支出结构差异不明显。无论是城乡还是区域,经济发展相对落后的地方,食品支出占比更高,另外,值得关注的依然是医疗保健支出,我们可以看到中西部地区的医疗保健支出占比均高于东部地区,表明中西部地区家庭医疗负担较重。

表8-21 地区与家庭消费性支出结构

支出项目	东部		中部		西部	
	均值(元)	比例(%)	均值(元)	比例(%)	均值(元)	比例(%)
食品支出	25022	33.5	19225	33.9	21086	35.0
衣着支出	2818	3.8	2295	4.0	2322	3.9
生活起居支出	10000	13.4	7244	12.8	7192	11.9
日用品及耐用品	6718	9.0	4694	8.3	5233	8.7
医疗保健支出	5999	8.0	6044	10.7	5412	9.0
交通通信支出	15137	20.3	10822	19.1	12735	21.1
教育娱乐支出	7908	10.6	5899	10.4	5782	9.6
其他支出	998	1.3	465	0.8	482	0.8
消费总支出	74600	100.0	56688	100.0	60244	100.0

(三)恩格尔系数与平均消费倾向

恩格尔系数是食品支出总额占消费支出总额的比重,恩格尔定律指出家庭收入越高,用于购买生存性的食品支出在家庭消费支出中所占的比重就越小,因此,恩格尔系数随着收入的增加而减小。根据联合国粮农组织的标准划分,恩格尔系数在60%以上为贫困,50%～59%为温饱,40%～49%为小康,30%～39%为富裕,30%以下为最富裕。表8-21、表8-22分别统计了不同收入家庭各项消费支出的均值和占比。数据表明,随着收入的增加,家庭的食品支出增加,而食品支出占比先增加后下降。

由表8-22及表8-23可知,各收入组家庭的恩格尔系数都达到甚至超越了小康水平。收入越高的家庭,各项消费性支出的总额都在增加,且随着收入升高,家庭在食品支出、医疗保健支出的占比在减小;低收入组的食品支出占39.7%,而高收入组食品支出仅占26.7%。而随着收入增高,衣着支出、日用品、交通通信、教育娱乐的支出占比都在增加。

总体而言,我国消费不足的根本原因是收入分布不均而不是消费意愿不足。贫困和低收入家庭虽存在较大的消费意愿却无钱消费。

表8-22　不同收入组家庭的消费性支出

(单位:元)

	低收入组	较低收入组	中等收入组	较高收入组	高收入组
食品支出	12256	16837	21505	26049	34833
衣着支出	849	1324	1955	2866	5718
生活起居支出	4002	5363	6553	8919	17117
日用品及耐用品	2075	3043	4026	6143	13476
医疗保健支出	5042	5428	6100	5775	7093
交通通信支出	3967	5448	8993	13485	34036
教育娱乐支出	2395	3573	4860	7170	15805
其他支出	300	188	304	565	2160
消费总支出	30887	41203	54296	70973	130238
家庭总收入	6178	27701	54001	88365	268826

(说明:针对有家庭收入的家庭。)

表8-23　不同收入组家庭的消费性支出结构

(单位:%)

	低收入组	较低收入组	中等收入组	较高收入组	高收入组
食品支出	39.7	40.9	39.6	36.7	26.7
衣着支出	2.7	3.2	3.6	4.0	4.4

续表

(单位:%)

	低收入组	较低收入组	中等收入组	较高收入组	高收入组
生活起居支出	13.0	13.0	12.1	12.6	13.1
日用品及耐用品	6.7	7.4	7.4	8.7	10.3
医疗保健支出	16.3	13.2	11.2	8.1	5.4
交通通信支出	12.8	13.2	16.6	19.0	26.1
教育娱乐支出	7.8	8.7	9.0	10.1	12.1
其他支出	1.0	0.5	0.6	0.8	1.7
消费总支出	100.0	100.0	100.0	100.0	100.0
消费收入比	499.9	148.7	100.5	80.3	48.4

(说明:针对有家庭收入的家庭。)

三、家庭转移性支出

转移性支出,是指给家庭成员以外的人或组织的现金或非现金支出,包括春节、中秋节等节假日的支出,红白喜事支出,在教育、医疗和生活费上给予他人的资助支出以及其他方面的转移性支出。

(一)家庭转移性支出水平

图8-22统计了我国家庭转移性支出的分布情况。数据显示,我国城乡家庭转移性支出差距大。我国家庭转移性支出均值为5773元,中位数为2700元。城镇家庭转移性支出均值为6553元,中位数为3000元;农村家庭转移性支出均值为3562元,中位数为2000元。

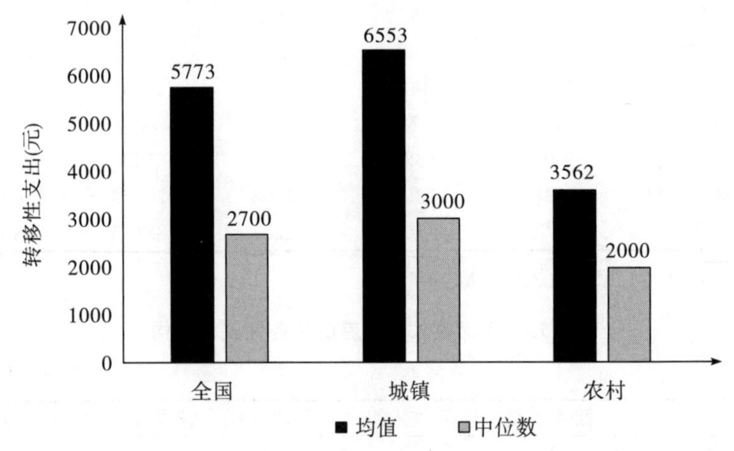

图8-22　家庭转移性支出

(说明:针对有转移性支出的家庭。)

图 8-23 统计了我国不同区域家庭转移性支出的分布情况。数据表明，我国东部地区转移性支出最高，西部地区转移性支出最低。我国东、中、西部地区家庭转移性支出均值分别为 6546 元、5406 元和 4831 元，中位数则分别为 3000 元、3000 元、2100 元，可以看到中西部地区家庭转移性支出均值基本持平，而东部地区家庭转移性支出均值高于中西部地区。

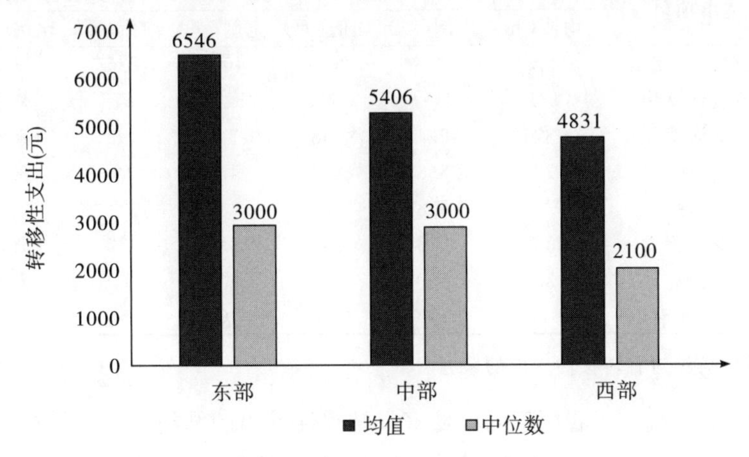

图 8-23　地区与家庭转移性支出

（说明：针对有转移性支出的家庭。）

表 8-24 统计了我国家庭不同收入组家庭的转移性支出情况。数据表明，收入越高的家庭，有转移性支出占全部家庭的比例越高，转移性支出额度越高，转移性支出占家庭总收入的比例越低。对于低收入家庭，转移支出占总收入的比重高达 24.9%，说明低收入家庭转移支出负担重。

表 8-24　不同收入组家庭的转移性支出

收入分组	有转移性支出比例(%)	转移性支出额度(元)	家庭总收入(元)	转移性支出/家庭总收入(%)
低收入组	58.4	1546	6219	24.9
较低收入组	74.0	2862	27794	10.3
中等收入组	81.0	3749	54133	6.9
较高收入组	83.2	5284	88452	6.0
高收入组	85.7	8656	269224	3.2
整体	76.4	4419	89158	5.0

（说明：针对家庭总收入为正的家庭；不限制有无转移性支出，即若无，则为 0。）

（二）家庭转移性支出结构

表 8-25 展示了我国家庭转移性支出结构的情况。数据表明，红白喜事和节假日的支出是家庭转移性支出的主要组成部分。全国家庭转移性

支出主要由红白喜事支出及节假日支出构成，其均值分别为2580元、1814元，在转移性支出中占比分别为44.7%和31.4%。分城乡来看，农村家庭因红白喜事和节假日的转移性支出占比更高，尤其是红白喜事支出。

表 8-25 家庭转移性支出结构

支出项目	全国		城镇		农村	
	均值(元)	比例(%)	均值(元)	比例(%)	均值(元)	比例(%)
红白喜事支出	2580	44.7	2681	40.9	2268	63.7
节假日支出	1814	31.4	2149	32.8	875	24.6
生活费	371	6.4	468	7.1	99	2.8
医疗	221	3.8	262	4.0	106	3.0
教育	222	3.8	276	4.2	71	2.0
捐赠或资助	335	5.8	437	6.7	52	1.5
其他	230	4.0	281	4.3	89	2.5
总转移性支出	5773	100	6553	100	3562	100

(说明：针对有转移性支出的家庭。)

表8-26统计了我国不同区域家庭转移性支出的结构情况。数据显示，我国东部地区在红白喜事上的支出及占比明显低于中西部地区，节假日支出及占比高于中西部地区。东部地区在转移性支出中占比最高的为节假日支出，占比为35.1%；其次为红白喜事支出均值为2271元，占比34.7%。中部地区在红白喜事上支出的均值为2975元，占比为55.0%，均高于东部地区家庭；其次为节假日支出，占比为28.4%；西部地区则表现出与中部地区相同，主要的两大转移性支出为红白喜事支出和节假日支出。

表 8-26 不同地区家庭转移性支出结构

支出项目	东部		中部		西部	
	均值(元)	比例(%)	均值(元)	比例(%)	均值(元)	比例(%)
红白喜事支出	2271	34.7	2975	55.0	2586	53.5
节假日支出	2295	35.1	1538	28.4	1308	27.1
生活费	520	7.9	239	4.4	275	5.7
医疗	279	4.3	211	3.9	128	2.6
教育	220	3.4	223	4.1	223	4.6
捐赠或资助	616	9.4	111	2.1	128	2.6
其他	346	5.3	108	2.0	183	3.8
总转移性支出	6546	100	5406	100	4831	100

(说明：针对有转移性支出的家庭。)

表 8-27 统计了我国家庭转移性支出的对象分布。转移性支出按支出对象可以分为三类:父母、公婆或岳父母以及其他亲属。在转移性支出中,支付给其他亲属占比 79.0%,是占比最大的开支;其次是支付给父母(13.4%)、公婆和岳父母(7.5%)。从城乡看,城镇地区给父母、公婆或岳父母的占比明显高于农村地区。从区域看,东部地区给父母、公婆或岳父母的占比明显高于中西部地区。

表 8-27 家庭转移性支出对象分布

(单位:%)

	总转移性支出	父母	公婆或岳父母	其他亲属
全国	100.0	13.4	7.5	79.0
城镇	100.0	14.3	8.3	77.3
农村	100.0	8.8	3.2	88.0
东部	100.0	15.1	9.3	75.6
中部	100.0	11.6	5.3	83.1
西部	100.0	12.1	6.4	81.5

四、家庭保险支出

表 8-28 展示了我国家庭保险支出的构成情况。从保险支出金额来看,我国城乡家庭保险支出差异大,可能主要受到了家庭收入的制约以及农村居民保险意识不足的影响;从保险支出结构来看,城镇家庭的社保及商业保险的支出占比略高于农村家庭,差异不明显。全国家庭保险支出主要由社会保险、商业保险和汽车保险构成,其均值分别为 6727 元、1374 元和 987 元,在保险支出中占比分别为 74.0%、15.1%和 10.9%。社会保险支出中,主要是社会养老险、住房公积金和社会医疗险,分别占总保险支出的 28.2%、22.6%和 21.1%。商业保险支出中,主要是商业人寿保险和商业健康保险。城乡家庭的保险支出差异巨大,城镇家庭保险支出均值为 11646 元,农村家庭的保险支出均值为 2678 元。

表 8-28 家庭保险支出

支出项目	全国		城镇		农村	
	均值(元)	比例(%)	均值(元)	比例(%)	均值(元)	比例(%)
社会保险	6727	74.0	8635	74.1	1943	72.6
社会养老险	2565	28.2	3270	28.1	795	29.7
企业年金	192	2.1	255	2.2	34	1.3

续表

支出项目	全国		城镇		农村	
	均值(元)	比例(%)	均值(元)	比例(%)	均值(元)	比例(%)
社会医疗险	1915	21.1	2342	20.1	843	31.5
住房公积金	2056	22.6	2768	23.8	272	10.1
商业保险	1374	15.1	1781	15.3	354	13.2
商业人寿险	671	7.4	874	7.5	161	6.0
商业健康险	450	4.9	586	5.0	107	4.0
商业其他险	254	2.8	321	2.8	86	3.2
汽车保险	987	10.9	1230	10.6	380	14.2
保险总支出	9088	100.0	11646	100.0	2678	100.0

(说明:针对全样本。)

表8-29统计了我国不同地区家庭保险支出的情况。从保险支出金额看,东部地区家庭保险支出远高于中西部地区;从保险支出的结构来看,东部地区家庭社保支出比例低于中西部地区。与此同时,东部地区商业保险的支出占比高于中西部地区。总的来讲,东部地区家庭的保险配置意识要高于其他区域。东部地区保险支出均值为12089元,远高于中部地区家庭的6400元和西部地区家庭的7254元。东、中、西部地区社会保险支出分别为8762元、4789元和5630元,占比分别为72.5%、74.8%、77.6%;东、中、西部地区的商业保险支出均值分别为1955元、974元和864元,占比分别为16.2%、15.2%和11.9%;东部地区家庭的汽车保险占总保险支出的比例为11.3%,中部地区为10.0%、西部地区为10.5%。

表8-29 不同地区家庭保险支出

支出项目	东部		中部		西部	
	均值(元)	比例(%)	均值(元)	比例(%)	均值(元)	比例(%)
社会保险	8762	72.5	4789	74.8	5630	77.6
社会养老险	3238	26.8	2081	32.5	1997	27.5
企业年金	274	2.3	89	1.4	180	2.5
社会医疗险	2412	20.0	1409	22.0	1689	23.3
住房公积金	2839	23.5	1210	18.9	1765	24.3
商业保险	1955	16.2	974	15.2	864	11.9
商业人寿险	972	8.0	474	7.4	391	5.4
商业健康险	637	5.3	322	5.0	283	3.9

续表

支出项目	东部		中部		西部	
	均值(元)	比例(%)	均值(元)	比例(%)	均值(元)	比例(%)
商业其他险	346	2.9	177	2.8	190	2.6
汽车保险	1371	11.3	638	10.0	760	10.5
保险总支出	12089	100.0	6400	100.0	7254	100.0

(说明:针对全样本。)

第三节　家庭储蓄

家庭储蓄定义为家庭总收入减去家庭总支出。如表 8-30 所示,从城乡看,城镇家庭储蓄远高于农村地区,农村家庭入不敷出的比例更高;从区域来看,东部地区家庭储蓄远高于中西部地区,储蓄最低的西部地区,家庭入不敷出的比例最高。具体而言,全国家庭储蓄均值为 13378 元,负储蓄家庭占比为 48.9%。分城乡来看,城镇家庭储蓄均值为 16511 元,远高于农村家庭的 5524 元;城镇家庭的负储蓄占比为 45.2%,也低于农村的 58.3%。分地区看,东部地区具有较高的储蓄均值,为 24896 元,西部地区有负储蓄的家庭比例较高,占 56.2%。

表 8-30　家庭储蓄情况

	储蓄均值(元)	负储蓄家庭占比(%)
全国	13378	48.9
城镇	16511	45.2
农村	5524	58.3
东部	24896	43.6
中部	5728	50.6
西部	2879	56.2

(说明:储蓄=家庭总收入－家庭总支出。)

进一步地,CHFS 统计了不同收入组家庭的储蓄及负储蓄家庭占比,如表 8-31 所示。我国的储蓄分布严重不均,收入越低的家庭,入不敷出的家庭占比越高,收入越高的家庭,储蓄越多,家庭储蓄主要来源于高收入阶层。具体而言,中等收入及其以下收入家庭储蓄均值均为负数,较高收入家庭储蓄均值为 9672 元,而高收入家庭储蓄为 123019 元。此外,低收入家庭中,92.1%的家庭储蓄为负,随着收入的提升,负储蓄家庭的比例逐渐下降,高收入家庭中仅有17.3%的家庭储蓄为负。

表8-31 不同收入组家庭储蓄情况

	储蓄均值(元)	负储蓄家庭占比(%)
低收入组	−26871	92.1
较低收入组	−17033	62.7
中等收入组	−5271	40.5
较高收入组	9672	26.2
高收入组	123019	17.3

(说明:考虑有收入的家庭。)

第四节 本章小结

本章基于2017年CHFS数据,介绍了我国家庭收入、家庭支出及家庭储蓄等三方面的内容。本章要点总结如下:

第一,我国城乡收入差距大,是我国长期存在的城乡二元经济结构、户籍制度的差别、社会保障制度的差异,以及政策的倾斜等诸多原因造成的。从收入结构上看,工资性收入是我国家庭的主要收入来源,其次是转移性收入,工资性收入和转移性收入对城乡收入差距的贡献分别为45.4%、43.8%,从不同来源的收入差距对城乡居民收入差距的贡献角度出发,找准城乡居民收入差距居高不下的根源,进一步优化农民收入结构,特别是稳定提升农民劳动性收入,加大对农村家庭的转移性收入,从而不断缩小城乡居民收入差距。

第二,我国城乡消费差距大,差距主要体现在消费性支出上,消费越高的家庭,收入越高,影响消费最大的因素是居民可支配收入。近年来,我国的消费不足的根本原因并非消费意愿不足,而是收入分布的问题。家庭低收入群体有较高的边际消费倾向,却通常入不敷出,提高他们的收入将对促进消费起到根本性作用。除此以外,人情支出也存在显著的城乡二元差异,与城镇家庭相比,农村家庭的人情支出金额低,但占家庭支出的比例高,说明农村的人情往来对农村家庭造成了一定的负担。

第三,家庭储蓄主要来源于高收入阶层。我国的储蓄分布严重不均,收入越低的家庭,入不敷出的家庭占比越高;收入越高的家庭,储蓄越多。低收入家庭的更多表现为入不敷出,储蓄不足,这是制约消费的重要原因。

第九章　保险与保障

我国社会保障改革与制度建设要求构建普惠全民的多层次社会保障体系，充分调动政府、企业和个人多位主体的参与度，各司其职，优化我国社会保障体系资源配置。CHFS大调查数据保险与保障板块全面而详实地收集了我国居民的社会保险与商业保险信息，为了解我国居民的保险保障情况提供了一手资料，因此，本章节将刻画我国社会保险与商业保险的基本面，并分析其区域差异。

《2013年中国人权事业的进展》白皮书披露，我国已初步建立了世界上规模最大的、符合现阶段中国社会实际的社会保障体系。我国的社会养老保险和社会医疗保险由多种类型的保险构成，如城镇职工、城镇居民、城乡居民、新型农村等，充分考虑不同统筹地区以及不同身份之间的相互衔接，为劳动人口流动及身份转换提供了保障，形成了一个覆盖全民的社会保险保障制度。分城乡看，我国城镇居民的保险覆盖率、保费缴纳、账户余额均高于农村居民。分区域看，东中西部受区位经济发展的影响，社会保险情况存在较为明显的区域差异。

对于商业保险来讲，中国保险业发生了突飞猛进的变化。2017年，中国成为全球第二大保险市场，总保费收入超3.6万亿元。但相较于社保，我国居民的商业保险相对薄弱，存在巨大的发展空间。总体上，我国居民的商业保险拥有率不足10%，风险保障意识较低。保险购买行为与人口特征因素密切相关，本章节也将进一步探究保险需求背后的影响因素。

第一节　社会保障

一、养老保险

(一)养老保险覆盖率

根据2017年CHFS调查数据显示，我国的养老保险覆盖率为71.0%，其中，城镇职工基本养老保险（“城职保”）和新型农村社会养老保险（“新农保”)为我国居民主要拥有的社会养老保险类型。如表 9-1 所示,分城乡看,城镇地区的社会养老保险覆盖率为 71.9%,略高于农村地区的 69.1%。分地区看,东部地区的养老保险覆盖率最高,为 74.6%,接着是中部地区的 69.6%与西部地区的 66.8%。总的来说,我国的社会养老保险覆盖率在调查年已处于较高的水平。

表 9-1 居民社会养老方式分布

	全国	城镇	农村	东部	中部	西部
无养老保障	29.0%	28.1%	30.9%	25.4%	30.4%	33.2%
有养老保障	71.0%	71.9%	69.1%	74.6%	69.6%	66.8%
政府/事业单位退休金	7.7%	10.6%	1.0%	8.3%	7.4%	6.9%
城职保	22.0%	30.4%	3.4%	28.3%	18.3%	16.3%
新农保	31.6%	18.6%	60.5%	27.9%	34.1%	34.4%
城居保	6.9%	9.5%	1.2%	7.2%	6.8%	6.5%
城乡统一居民社保	2.0%	1.9%	2.2%	1.9%	2.1%	2.0%
其他	0.9%	0.9%	0.8%	1.0%	0.9%	0.7%

(说明:社会养老保险的状况仅针对 16 周岁及以上的家庭成员。城镇居民社会养老保险,又称“城居保”,是指年满 16 周岁不含在校学生,不符合职工基本养老保险参保条件的城镇非从业居民。)

表 9-2 展示了我国社会养老保险的主要类型构成,全国占比最高的为新型农村养老保险(44.5%)和城镇职工基本养老保险(31.0%)。可能与区域产业结构、就业人员有关,城镇地区的城职保占比远高于其他类型的保险,而农村地区大部分购买的是新农保。分区域看,东部地区的城职保占比高于中部地区,中部地区高于西部地区,与之相对的,新农保则呈现相反的关系。

表 9-2 有社会养老保险居民的社保类型分布

	全国	城镇	农村	东部	中部	西部
城职保	31.0%	42.3%	4.9%	37.9%	26.3%	24.4%
新农保	44.5%	25.8%	87.6%	37.5%	49.0%	51.5%
城居保	9.7%	13.2%	1.7%	9.7%	9.7%	9.7%
城乡统一居民社保	2.8%	2.6%	3.2%	2.5%	3.0%	3.0%
其他	1.2%	1.3%	1.1%	1.3%	1.2%	1.1%
政府/事业单位退休金	10.8%	14.8%	1.5%	11.1%	10.7%	10.3%
有养老保障	100.0%	100.0%	100.0%	100.0%	100.0%	100.0%

(二)养老金的领取情况

表 9-3 为 60 周岁及以上已开始领取社会养老保险金的居民比例的情况。从全国来看,拥有养老保险且年龄在 60 周岁以上的人群中,平均有 94.2%的男性已经开始领取养老保险金,女性有 95.7%已经开始领取养老保险金。分城乡看,城镇地区拥有养老保险并超过 60 周岁的人群中,平均有 95.0%的男性已经开始领取养老保险金,女性有 97.0%已经开始领取养老保险金。在农村地区,拥有养老保险并超过 60 周岁的人群中,平均有 92.7%的男性已经开始领取养老保险金,女性有 93.0%已经开始领取养老保险金。

分区域看,在 60 周岁以上拥有社会养老保障的居民中,男性在西部地区开始领取养老金的比例最高,为 95.5%,女性在东部地区开始领取养老金的比例最高,为 96.2%。

表 9-3 60 周岁及以上已开始领取社会养老保险金的居民比例

	全国	城镇	农村	东部	中部	西部
男性	94.2%	95.0%	92.7%	93.5%	94.2%	95.5%
女性	95.7%	97.0%	93.0%	96.2%	95.0%	95.8%

(说明:计算对象是 60 周岁及以上拥有社会养老保障的居民。)

(三)社会养老保险保费和养老金

表 9-4 列出了居民的社会养老保险个人缴纳额的情况。从全国来看,在缴纳社会养老保险的群体中,城镇职工基本养老保险由个人承担的保费金额平均为 6627 元/年。新农保中由个人承担的保费金额平均为 874 元/年。城居保中个人缴纳的金额为 5872 元/年。城乡统一居民社保为2553 元/年。城乡之间,城镇的个人缴纳额均值,在新农保、城乡统一居民社保上,远高于农村。从城乡之间的个人缴纳额中位数来看,新农保的缴纳额差距不大;城乡统一居民社保的缴纳额中位数差异显著。

表 9-4 居民的社会养老保险个人缴纳额

	均值(元/年)			中位数(元/年)		
	全国	城镇	农村	全国	城镇	农村
城职保	6627	6694	5314	4644	4800	3600
新农保	874	1525	439	100	120	100
城居保	5872	5871	5895	4992	4992	3360
城乡统一居民社保	2553	3751	729	192	1380	100

续表

	均值(元/年)			中位数(元/年)		
	全国	城镇	农村	全国	城镇	农村
其他	7525	7874	6475	4800	5400	1992
整体	3153	4594	744	420	2400	100

(说明:样本范围控制在缴纳社会养老保险的群体中。)

表 9-5 列出了居民的社会养老保险养老金收入的情况。从全国领取相应社会养老保险的群体中来看,领取城职保的均值为 31238 元/年,领取新农保的均值为 2761 元/年,领取城居保的均值为 16619 元/年,领取城乡统一居民社保的均值为 10674 元/年。城乡之间,城镇在每一项社会养老保险金的收入都高于农村,尤其在城乡统一居民社保的均值和中位数上,城镇的收入远高于农村的收入,这可能是由该项社会养老保险个人缴纳额的城乡差距导致的。

表 9-5　居民的社会养老保险养老金收入

	均值(元/年)			中位数(元/年)		
	全国	城镇	农村	全国	城镇	农村
城职保	31238	31443	22976	30000	30000	24000
新农保	2761	4050	1948	1068	1200	960
城居保	16619	16997	10440	14400	14520	9600
城乡统一居民社保	10674	13820	3968	7800	12000	1200
其他	13609	16291	6732	12000	13200	2808
整体	18626	24925	3285	14400	24000	1020

(说明:样本范围控制在领取相应社会养老保险的群体中。)

如表 9-6 所示,从全国看,男性的养老金收入均值为 20690 元/年,女性的养老金收入为 16972 元/年。分城乡看,城乡居民的养老金平均收入水平差距很大。城镇女性的养老金收入平均为 22067 元/年,城镇男性养老金收入平均为 28843 元/年,城镇男性养老金收入高出女性约 31%。农村男性养老金收入平均为 3971 元/年,农村女性养老金收入平均为 2595 元/年,男性的养老金水平仍然高于女性。

表 9-6　性别与居民养老金收入

（单位:元）

	全国		城镇		农村	
	均值	中位数	均值	中位数	均值	中位数
总体	18626	14400	24925	24000	3285	1020
男性	20690	13200	28843	30000	3971	1020
女性	16972	14400	22067	22800	2595	1020

（说明:样本范围控制在领取社会养老保险的群体中。）

（四）社会养老保险账户余额

如表 9-7 所示,从全国看,城镇职工基本养老保险的账户余额平均为 18496 元,城镇居民为 18282 元,农村居民为 23782 元。全国城镇居民基本养老保险账户余额平均为 14753 元,城镇居民为 15134 元,农村居民为 8953 元。新农保账户余额平均为 3349 元,城镇居民为 6453 元,农村居民为 1525 元。城乡统一居民养老保险,平均账户余额为 7992 元,城镇居民为 11868 元,农村居民为 2174 元。

表 9-7　居民的社会养老保险账户余额

（单位:元）

	全国		城镇		农村	
	均值	中位数	均值	中位数	均值	中位数
城职保	18496	4000	18282	4000	23782	6902
新农保	3349	500	6453	500	1525	500
城居保	14753	2000	15134	2249	8953	960
城乡统一居民社保	7992	700	11868	1000	2174	500
其他	12187	2500	13215	3000	9258	1000
整体	9265	700	13405	1600	2398	500

（说明:样本范围控制在有社会养老保险账户余额的群体中。）

如表 9-8 所示,从性别角度来看,各类养老保险基本呈现出男性的账户余额大于女性的趋势。在城镇中,男性的新农保账户余额为 5052 元,小于女性的 7683 元;男性的城乡统一居民社保为 10165 元,小于女性的 12899 元。在农村中,男性的社会养老保险账户余额均大于女性的账户余额。

表 9-8　性别与居民社会养老保险账户余额

(单位:元)

		城职保	新农保	城居保	城乡统一居民社保
全国	男性	21197	2868	16751	6467
	女性	16030	3812	13637	9121
城镇	男性	20846	5052	17310	10165
	女性	16000	7683	13936	12899
农村	男性	27648	1672	9315	2264
	女性	17112	1377	8706	2084

(说明:样本范围控制在有社会养老保险账户余额的群体中。)

(五)企业年金

企业年金,是指企业及其职工在依法参加基本养老保险的基础上,自主建立的补充养老保险制度。作为养老的第二支柱,企业年金的覆盖率远低于第一支柱社会养老保险,我国拥有企业年金的居民占比仅有 6.8%。如表 9-9 所示,拥有企业年金的居民中,有 18.6%已经开始领取。城镇地区拥有企业年金的略高于全国平均水平,比例为 6.9%,已经开始领取的比例为 18.1%;农村地区拥有企业年金的比例为 5.5%,已经开始领取的比例为 31.5%。

表 9-9　企业年金拥有情况

	拥有企业年金占比	开始领取企业年金占比
全国	6.8%	18.6%
城镇	6.9%	18.1%
农村	5.5%	31.5%

(说明:样本范围控制在有政府/事业单位退休金保险或有城职保的群体中;指标“开始领取企业年金占比”计算对象控制在有企业年金的群体中。)

如表 9-10 所示,全国企业年金个人缴纳额均值为 5196 元/年,中位数为 2400 元/年。个人领取额均值为 17224 元/年,中位数为 7200 元/年。账户余额均值为 19476 元,中位数为 6364 元。分城乡看,城镇个人缴纳额均值为 5101 元/年,小于农村的 8030 元/年;城镇的个人领取额均值为 17157 元/年,小于农村的 18389 元/年;城镇的账户余额均值为 19641 元,农村为 14872 元。

表 9-10　企业年金缴费金、收入和账户余额情况

	个人缴纳额(元/年)		个人领取额(元/年)		账户余额(元)	
	均值	中位数	均值	中位数	均值	中位数
全国	5196	2400	17224	7200	19476	6364
城镇	5101	2400	17157	7200	19641	6369
农村	8030	2232	18389	9000	14872	4378

(说明:样本计算范围均控制在有相应额度的群体中。)

二、医疗保险

(一)医疗保险覆盖率

我国的社会医疗保险已基本实现全覆盖,如表 9-11 所示,2017 年,全国范围内社会医疗保险的覆盖率为 91.1%,城镇的医疗保险覆盖率为 90.4%,农村医疗保险覆盖率为 92.8%,农村覆盖率略高。

表 9-11　医疗保险覆盖率

	全国	城镇	农村
医疗保险覆盖率	91.1%	90.4%	92.8%
社会医疗保险覆盖率	90.6%	89.5%	92.9%
其他医疗保险覆盖率	8.4%	10.4%	4.0%

如表 9-12 所示,CHFS 对医疗保险进行种类划分后,全国50.7%的居民有新型农村合作医疗保险,20.5%的居民具有城镇职工基本医疗保险,15.4%的居民具有城镇居民基本医疗保险。分城乡看,城镇家庭 28.9%具有城镇职工基本医疗保险,33.6%具有新农合保险,21.7%具有城镇居民基本医疗保险,10.6%的城镇居民没有医疗保险。农村地区,87.0%的居民具有新型农村合作医疗保险,7.2%的农村居民没有医疗保险。可见,得益于近些年新农合在农村地区的推广,农村主要以新农合医疗保险为主,因而具有较高的医疗保险覆盖率。

表 9-12　社会医疗保险覆盖率

	全国	城镇	农村
城镇职工基本医疗保险	20.5%	28.9%	2.5%
城镇居民基本医疗保险	15.4%	21.7%	2.0%
新型农村合作医疗保险	50.7%	33.6%	87.0%
城乡居民基本医疗保险	2.9%	3.7%	1.1%
公费医疗	1.1%	1.5%	0.2%

如表 9-13 所示,全国由单位购买商业医疗保险的比例为 1.0%,由个

人购买商业医疗保险的比例为4.5%,企业补充医疗保险覆盖率为0.3%,大病医疗统筹覆盖率为2.3%,社会互助的覆盖率为0.1%。分城乡看,城镇的每项其他医疗保险覆盖率都高于农村。

表9-13 其他医疗保险覆盖率

	全国	城镇	农村
商业医疗保险(单位购买)	1.0%	1.1%	0.6%
商业医疗保险(个人购买)	4.5%	5.8%	1.9%
企业补充医疗保险	0.3%	0.4%	0.1%
大病医疗统筹	2.3%	2.9%	0.8%
社会互助	0.1%	0.2%	0.0%
其他	0.6%	0.6%	0.7%

(说明:其他医疗保险的选择为多选题。)

(二)医疗保险的保费情况和账户余额

表9-14展示了医疗保险的保费缴纳和账户余额情况。如表9-14所示,我国个人医疗保险的保费缴纳均值为767元/年,个人账户余额均值为2238元。个人缴费分城乡看,城镇的医疗保费缴纳均值为1045元/年,中位数为150元/年;农村医疗保费缴纳均值为269元/年,中位数为150元/年。全国范围医疗保险个人账户余额均值为2238元,中位数为174元;城镇医疗保险个人账户余额均值为2705元,中位数为255元;农村医疗保险个人账户余额均值为1040元,中位数为95元。城镇在医疗保险的缴纳和账户余额上都高于农村。

表9-14 医疗保险的保费缴纳和账户余额情况

(单位:元)

	个人年缴纳保费		个人账户余额	
	均值	中位数	均值	中位数
全国	767	150	2238	174
城镇	1045	150	2705	255
农村	269	150	1040	95

(说明:条件值。)

进一步计算各项医疗保险的缴纳情况,如表9-15所示,从全国整体来看,城镇职工基本医疗保险的保费缴纳均值为1324元,中位数为500元;城镇居民基本医疗保险的保费缴纳均值为574元,中位数为150元;新型农村合作医疗保险的保费缴纳均值为185元,中位数为150元;城乡居民基本医疗保险的保费缴纳均值为 534 元,中位数为 150 元。从城乡来看,前四种社会医疗保险的保费缴纳情况,无论是均值还是中位数差异均不大。而公费医疗方面,全国的保费缴纳均值为 2763 元,中位数为 1700 元;城镇的公费医疗保费缴纳情况与全国趋同,而农村的该保险保费缴纳均值仅为 60 元,中位数均为 60 元,城乡差异显著。

表 9-15 社会医疗保险的保费缴纳情况

(单位:元)

	全国		城镇		农村	
	均值	中位数	均值	中位数	均值	中位数
城镇职工基本医疗保险	1324	500	1334	501	1133	349
城镇居民基本医疗保险	574	150	553	150	1033	150
新型农村合作医疗保险	185	150	216	150	159	150
城乡居民基本医疗保险	534	150	572	150	290	150
公费医疗	2763	1700	2811	1700	60	60
整体	458	150	606	150	201	150

(说明:条件值。)

细分各项医疗保险的账户余额情况,如表 9-16 所示,从全国整体来看,城镇职工基本医疗保险的账户余额均值为 3898 元,中位数为 842 元;城镇居民基本医疗保险的账户余额均值为 2508 元,中位数为 120 元;新型农村合作医疗保险的账户余额均值为 832 元,中位数为 81 元;城乡居民基本医疗保险的账户余额均值为 2852 元,中位数为 120 元。

城乡之间来看,以下几种社会医疗保险的个人账户余额存在显著差异。在城镇中,城镇居民基本医疗保险的账户余额均值为 2576 元,中位数为 120 元;在农村中,城镇居民基本医疗保险的账户余额均值为 931 元,中位数为 90 元。在城镇中,城乡居民基本医疗保险的账户余额均值为 3051 元,中位数为 129 元;在农村中,城乡居民基本医疗保险的账户余额均值为 925 元,中位数为 85 元。在城镇中,公费医疗的个人账户余额均值为 7157 元,中位数为 2500 元;在农村中,公费医疗的个人账户余额均值为 1000 元,中位数为 1000 元。

表 9-16 社会医疗保险的个人账户余额情况

(单位:元)

	全国		城镇		农村	
	均值	中位数	均值	中位数	均值	中位数
城镇职工基本医疗保险	3898	842	3904	865	3722	644
城镇居民基本医疗保险	2508	120	2576	120	931	90
新型农村合作医疗保险	832	81	735	77	907	87
城乡居民基本医疗保险	2852	120	3051	129	925	85
公费医疗	6952	2500	7157	2500	1000	1000
整体	2238	174	2705	255	1040	95

(说明:条件值。)

如表 9-17 所示,全国整体来看,单位购买的医疗保险的保费缴纳均值为 928 元,中位数为 100 元;个人购买的商业医疗保险的保费缴纳均值为 5232 元,中位数为 3000 元;企业补充医疗保险的缴纳额均值为 976 元,中位数为 280 元;大病医疗统筹均值为 1145 元,中位数 145 元。城乡之间,在单位购买的商业医疗保险、企业补充医疗保险和社会互助的缴纳方面存在明显差异。

表 9-17 其他医疗保险的保费缴纳情况

(单位:元)

	全国		城镇		农村	
	均值	中位数	均值	中位数	均值	中位数
商业医疗保险(单位购买)	928	100	1088	100	442	100
商业医疗保险(个人购买)	5232	3000	5545	3000	3064	2000
企业补充医疗保险	976	280	930	310	1869	4
大病医疗统筹	1145	145	1179	145	858	145
社会互助	288	100	238	100	1157	226
其他	645	100	814	100	363	63
整体	3589	1300	3899	1600	1843	200

(说明:条件值。)

表 9-18 展示了其他医疗保险的个人账户余额情况。全国整体来看,单位购买的医疗保险的账户余额均值为 13290 元,中位数为 1000 元;个人购买的商业医疗保险的账户余额均值为 29332 元,中位数为 8000 元;企业补充医疗保险的账户余额均值为 6585 元,中位数为 2000 元;大病医疗统筹均值为 5000 元,中位数 344 元;社会互助个人账户余额的均值为 2050

元,中位数为 284 元;其他保险的个人账户余额均值为 6534 元,中位数为 279 元。城乡之间,城镇所有其他医疗保险的个人账户余额都高于农村。

表 9-18 其他医疗保险的个人账户余额情况

(单位:元)

	全国		城镇		农村	
	均值	中位数	均值	中位数	均值	中位数
商业医疗保险(单位购买)	13290	1000	15691	1184	2139	150
商业医疗保险(个人购买)	29332	8000	31243	8200	15889	4200
企业补充医疗保险	6585	2000	6646	2000	4539	3347
大病医疗统筹	5000	344	5062	300	4470	500
社会互助	2050	284	2077	284	1584	25
其他	6534	279	7795	300	2537	200
整体	22503	4250	24184	5000	11348	2262

(说明:条件值。)

三、失业保险

失业保险制度是社会保险制度的组成部分之一,为了保障失业人员的基本生活,帮助其实现再就业进而确保“稳就业”,但我国失业保险制度建立 30 多年以来,发展薄弱,无法满足社会经济新形势的要求。根据 CHFS 大调查数据,如表 9-19 所示,年龄大于 16 周岁的居民中有 17.4%的居民拥有失业保险。分城乡看,城镇有 25.7%的居民有失业保险,农村仅有 3.0%的居民有失业保险。整体看来,虽然城镇居民失业保险拥有率远高于农村居民,但依然很低,大部分 16 周岁以上有工作的受访者没有失业保险。

表 9-19 居民失业保险覆盖情况

	失业保险覆盖情况
全国	17.4%
城镇	25.7%
农村	3.0%

(说明:样本范围为 16 周岁及以上有工作且工作类型为非务农的居民。)

四、住房公积金

住房公积金是解决职工住房问题的专项基金,由职工和职工所在单位各按职工工资收入的一定比例逐月向所在城镇的住房公积金管理中心缴存。如表9-20所示,在全国范围内,拥有住房公积金的居民占比为20.1%,城镇为23.3%,农村为6.5%。在拥有住房公积金的居民中,有94.4%的居民还在继续缴纳住房公积金。2016年全国缴纳的公积金平均为658元,城镇为673元,农村为415元。2015年全国公积金账户的余额平均为38351元,城镇为38984元,农村为28838元。拥有住房公积金的居民中,2016年使用公积金的居民占17.6%,城镇为18.2%,农村为8.7%。2016年提取的公积金均值为38294元,城镇为38422元,农村为34182元。

表9-20 居民的住房公积金基本情况

	全国	城镇	农村
拥有住房公积金比例(%)	20.1	23.3	6.5
还在继续缴纳公积金的比例(%)	94.4	94.4	94.9
2016年缴纳的公积金(元)	658	673	415
2015年公积金账户余额(元)	38351	38984	28838
2016年使用过公积金的人群占比(%)	17.6	18.2	8.7
2016年提取公积金的余额(元)	38294	38422	34182

(说明:样本范围为16周岁及以上有工作且工作类型为非务农的居民;表中的金额均为条件值。)

如表9-21所示,提取公积金的原因中,占比最高的为买房,全国占比为51.8%,城镇为51.9%,农村为48.2%;其次为偿还购房贷款本息,全国占比25.9%,城镇为26.4%,农村为8.9%;其他提取公积金的原因包括房屋建造、大修、翻新和付房租等。

表9-21 居民提取个人公积金的原因

	全国	城镇	农村
买房	51.8%	51.9%	48.2%
房屋建造、大修、翻建	6.4%	6.1%	17.3%
偿还购房贷款本息	25.9%	26.4%	8.9%
付房租	3.1%	3.2%	1.2%
离退休	1.9%	2.0%	0.4%
与单位解除劳动关系	1.5%	1.3%	5.9%
投资股票等	0.4%	0.4%	0.0%
其他	9.1%	8.8%	18.1%

第二节　商业保险

一、商业保险拥有率

如表 9-22 所示，我国居民的商业保险拥有率处于较低的水平，约为 8.2%，其中，3.9%的居民拥有商业人寿保险，2.7%的居民拥有商业健康保险，剩余的则是其他保险（包含意外险、农业保险、家庭财产保险等）。城镇居民的风险抵抗意识高于农村居民，10.1%的城镇居民持有商业保险，远高于农村居民的 4%。

表 9-22　居民的商业保险拥有情况

	人寿保险	健康保险	其他保险	都没有
全国	3.9%	2.7%	1.6%	91.8%
城镇	4.8%	3.4%	1.9%	89.9%
农村	1.8%	1.0%	1.1%	96.0%

从保险消费者的性别上来看，男性与女性的商业保险消费者已无明显差异，如表 9-23 所示，男性保险消费者拥有人寿保险与其他商业保险的比例仅略高于女性保险消费者，而两者在商业健康险上占比均为 2.7%。

表 9-23　性别与商业保险拥有率

性别	人寿保险	健康保险	其他保险
男性	3.9%	2.7%	1.8%
女性	3.8%	2.7%	1.4%

从消费者的年龄构成上来看，商业保险拥有率整体呈现倒“U”型分布，先增后降，31～40 周岁的消费者保险拥有率最高。如表 9-24 所示，分不同险种看：在人寿保险中，保险拥有最高的年龄段是 41～50 周岁的居民，为 5.6%，最低的是 60 周岁以上的居民，为 1.8%；在健康险中，商业保险拥有率最高的是 31～40 周岁的居民，为 4.2%，相较于寿险，年龄分布更为年轻；至于其他保险险种，小于 30 周岁的居民和 31～40 周岁的居民拥有率最高，为 2.2%。

表 9-24　年龄与商业保险拥有率

性别	人寿保险	健康保险	其他保险
30 周岁及以下	3.8%	3.3%	2.2%
31～40 周岁	5.1%	4.2%	2.2%
41～50 周岁	5.6%	3.9%	1.7%
51～60 周岁	4.5%	2.1%	1.4%
60 周岁以上	1.8%	0.7%	0.7%

各类保险拥有情况与受教育程度密切相关。如表 9-25 所示,随着学历水平提高,人寿商业保险的保险拥有率显著提高,健康保险和其他保险总体上也呈上升趋势。拥有人寿保险最高比例的学历组为博士研究生,占 9.0%;拥有健康保险最高比例的学历组为硕士研究生,占 6.4%;拥有其他保险最高比例的学历组为大学本科,占 2.2%。

表 9-25　学历与商业保险拥有率

	人寿保险	健康保险	其他保险
没上过学	1.0%	0.7%	0.7%
小学	2.0%	0.8%	0.8%
初中	3.5%	2.1%	1.4%
高中	5.0%	3.2%	1.8%
中专/职高	4.7%	3.3%	1.5%
大专/高职	7.2%	5.3%	2.0%
大学本科	6.3%	4.9%	2.2%
硕士研究生	7.5%	6.4%	1.8%
博士研究生	9.0%	3.1%	3.9%

二、商业人寿保险

如表 9-26 所示,我国居民的年保费额约为 6239 元,而与之相对的保额约为 156222 元,保障力度较低。居民所能接受的保费和享受的保障存在巨大的城乡差异,城镇居民年费与保额分别为 6892 元与 169658 元,约为农村居民的 2 倍。

表 9-26　商业人寿保险的保额与保费

	保额(元)	上年缴纳的保费额(元)
全国	156222	6239
城镇	169658	6892
农村	79623	2727

如表 9-27 所示，全国整体具有分红功能的人寿保险约为 38.3%，人均分红 1821 元。分城乡看，城镇居民所投的商业人寿保险有 39.3%有分红，人均分红收入为 1974 元；农村居民所投的商业人寿保险有 31.9%有分红，人均分红收入为 701 元。全国整体具有返还本金功能的人寿保险约为 63.0%。分城乡看，城镇居民所投商业人寿保险有 64.0%返还本金；农村居民所投商业人寿保险有 57.1%返还本金。

表 9-27　商业人寿保险的分红与还本

	分红险占比(%)	返回本金占比(%)	上年获得的分红(元)均值	上年获得的分红(元)中位数
全国	38.3	63.0	1821	320
城镇	39.3	64.0	1974	331
农村	31.9	57.1	701	300

（说明：金额为条件值；返回本金占比指居民参与的保险中有多大比例的保险会返回本金。）

商业人寿保险的购买与持有侧重长期保险功能，如表 9-28 所示，我国人寿保险消费者持有该保险的平均年限为 8.5 年，其中，城镇居民已缴纳年限均值为 8.7 年，农村居民的商业人寿保险已缴纳年限均值为 7.4 年。城镇居民早于农村居民开始购买人寿保险。

表 9-28　居民的商业人寿保险的持有年限

（单位：年）

	均值	中位数
全国	8.5	8.0
城镇	8.7	8.0
农村	7.4	7.0

（说明：针对拥有商业人寿保险的群体。）

2017 年，我国约 2.7%的保险消费者获得了保险公司的赔付。如表 9-29所示，分城乡看，城镇居民有 2.7%获得保险赔付，平均获赔 5179 元；农村居民有 2.6%的获得保险赔付，平均获赔 8132 元。农村居民的商业人寿保险赔付额和中位数都远高于城镇家庭。

表 9-29 商业人寿保险的赔付额情况

	上年获得理赔的家庭占比(%)	上年赔付额(元)均值	上年赔付额(元)中位数
全国	2.7	5612	2500
城镇	2.7	5179	2000
农村	2.6	8132	6000

(说明:金额为条件值;农村地区因样本量不足,赔付额可能存在偏差。)

三、商业健康保险

我国商业健康保险仍处于起步阶段,如表 9-30 所示,保险消费者的商业健康险保费为 5668 元,健康险医疗报销与赔付为 2172 元。分城乡看,城镇居民为商业健康保险支付的保费约为 6011 元,平均获赔 2325 元;农村居民的保费约为 3184 元,平均获赔 1033 元。

表 9-30 商业健康保险的保费与赔付情况

	上年缴纳保费额(元)	上年健康保险报销额(元)
	均值	均值
全国	5668	2172
城镇	6011	2325
农村	3184	1033

(说明:金额为条件值。)

四、其他商业保险

其他商业保险包含除了人寿保险与健康保险之外的所有商业保险类型,如:意外伤害险、农业险、家庭财产险等。如表 9-31 所示,消费者缴纳保费约为 5414 元,其中,城镇居民为 6231 元,农村居民为 2429 元,赔付额均值为 1650 元。全国保险消费者通过其他商业保险获得约 2175 元的保险赔付,城镇为 2399 元,农村为 1650 元。综上,农村居民的其他商业保险赔付对投保的比例高于城镇居民。

表 9-31 其他商业保险的保费与赔付

	上年缴纳保费额(元)	上年健康保险报销额(元)
	均值	均值
全国	5414	2175
城镇	6231	2399
农村	2429	1650

(说明:金额为条件值。)

第三节　保险服务满意度评价

如表 9-32 所示，持有保险的家庭超过半数对其所获得的保险服务表示满意（比较满意 38.0%，非常满意 16.1%），33.6%的家庭态度相对中立，对保险服务评价为一般，少部分家庭表示了不满意（比较不满意7.8%，非常不满意 4.6%）。分城乡看，城镇居民（36.7%）持中立态度的远高于农村居民（25.7%），持满意态度的低于农村居民，因此，城镇居民对保险服务的整体满意度评价低于农村居民。

表 9-32　家庭对所获得的保险服务的整体评价

	非常满意	比较满意	一般	比较不满意	非常不满意
全国	16.1%	38.0%	33.6%	7.8%	4.6%
城镇	12.2%	37.6%	36.7%	8.4%	5.0%
农村	25.6%	39.0%	25.7%	6.1%	3.6%

（说明：以家庭为分析单位。）

家庭对所获得的保险服务不满意的原因，如表 9-33 所示，依次为报销比例低（39.1%）、可领取的保险金/退休金低（29.0%）、保费高（25.1%）和服务质量差（23.9%）。城镇家庭对保险服务不满意的原因与全国整体情况趋同，因为报销比例低不满意的家庭占 38.5%，因为可领取的保险金/退休金低的城镇家庭占 32.0%。农村家庭对保险服务不满意的原因更集中在报销比例低（41.4%）和保费高（33.1%）。

表 9-33　家庭对所获得的保险服务不满意的原因

	全国	城镇	农村
营业网点少	3.0%	3.0%	3.0%
服务质量差	23.9%	24.0%	23.8%
可领取的保险金/退休金低	29.0%	32.0%	18.7%
报销比例低	39.1%	38.5%	41.4%
保费高	25.1%	22.7%	33.1%
可选择的种类少	6.4%	6.8%	4.8%
其他	24.1%	23.9%	24.8%

（说明：以家庭为分析单位，仅询问“比较不满意”和“非常不满意”的家庭。）

第四节 本章小结

本章基于 2017 年 CHFS 数据,分析了我国社会保险与商业保险两大社会保险体系构成的情况。本章要点总结如下:

第一,我国的社会养老保险覆盖率已处于较高的水平,71%的居民拥有社会养老保险。

第二,我国的社会医疗保险已基本实现全覆盖,超 90%的居民拥有社会医疗保险。

第三,社会养老保险与医疗保险在覆盖率、类型、缴费额、账户余额等方面均存在区域差异,整体上,城镇优于农村,东部地区优于中西部地区。建议加强完善养老与医疗保险法规体系建设,加大基于促进地区经济协调发展的财政支持力度。

第四,相较于社保,我国的商业保险覆盖率低,个人拥有率仅 8.2%,有待进一步提高。多层次社会保障体系的建立需要多位主体的共同发力,我国现行的社会保险为我国居民提供基础的社会保障福利,但还需充分调动市场机制,缓解政府财政支出压力,做好商业保险的有力支持者,以实现社会保障体系的可持续发展。

第五,商业保险需求受性别、年龄、受教育程度等因素影响:如男性的保险消费者占比略高于女性,年龄与保险拥有率呈现倒“U”型分布,41～50周岁年龄段的保险拥有率最高;受教育程度与保险拥有率呈正相关,受教育程度越高,保险拥有率越高。

参考文献

[1]魏尚进,张晓波,2011:“The Competitive Saving Motive: Evidence from Rising Sex Ratios and Savings Rates in China” , *Journal of Political Economy*.

[2]陆旸,蔡昉:《人口结构变化对潜在增长率的影响:中国和日本的比较》,《世界经济》2014 年第 1 期。

[3]孟阳,李树茁:《性别失衡背景下农村大龄未婚男性的社会排斥》,《探索与争鸣》2017 年第 4 期。

[4]王聪,姚磊,柴时军:《年龄结构对家庭资产配置的影响及其区域差异》,《国际金融研究》2017 年第 2 期。

[5]张兵兵,徐康宁:《影响耐用品消费需求的因素研究——来自美国家庭汽车消费市场的经验分析》,《软科学》2013 年第 7 期。

[6]韩文龙,陈航:《当前我国收入分配领域的主要问题及改革路径》,《当代经济研究》2018 年第 7 期。

[7]唐艳:《影响我国城镇居民消费性支出的因素分析》,《商》2016 年第 32 期。

[8]Kempson E. ,1999:“Whyley C.. Kept in or opted out? Un-derstanding and Combating financial exclusion”, *Bris-tol* : *Policy Press*.

[9]Devlin J. F. ,2005:“A detailed study of financial exclusion in the UK”,*Journal of Consumer Policy*.